# 绿水青山

郭兆晖／分册主编 王树树 李逸飞／著

图书在版编目（CIP）数据

绿水青山 / 王树树，李逸飞著. -- 南京 : 江苏凤凰少年儿童出版社 ; 北京 : 中共党史出版社，2023.7
（童心筑梦·美丽新时代）
ISBN 978-7-5584-2897-5

Ⅰ. ①绿… Ⅱ. ①王… ②李… Ⅲ. ①生态环境建设－中国－儿童读物 Ⅳ. ①X321.2-49

中国版本图书馆CIP数据核字(2022)第162155号



总 策 划　王泳波　吴　江
分册策划　陈艳梅　姚建萍

书　　名　童心筑梦·美丽新时代－绿水青山
TONGXIN ZHUMENG · MEILI XINSHIDAI–LÜSHUI QINGSHAN

---

作　　者　王树树　李逸飞
内文插画　杨　珅
封面绘画　付　璐
责任编辑　王　兵　邱　天　徐　玮
助理编辑　夏　蕾
美术编辑　王梓又
责任校对　瞿清源
责任印制　季　青
出版发行　江苏凤凰少年儿童出版社 / 中共党史出版社
地　　址　南京市湖南路 1 号 A 楼，邮编：210009
印　　刷　南京新世纪联盟印务有限公司
开　　本　889 毫米 ×1194 毫米　1/16
印　　张　9.5　插页 4
版　　次　2023 年 7 月第 1 版
印　　次　2023 年 7 月第 1 次印刷
书　　号　ISBN 978-7-5584-2897-5
定　　价　75.00 元

---

如发现质量问题，请联系我们。
【内容质量】电话：025-83658245　邮箱：qiut@ppm.cn
【印装质量】电话：025-83241151

# 总序言：尊重自然 顺应自然 保护自然

冯　俊

人是自然中生长出来的“精灵”，人是自然的一部分。

古希腊哲学家认为，生命起源于水，大地浮于水上。大海是生命的源泉，也是人们生活劳作与贸易交往的场所。中国的先哲认为，“天人合一”“人法地，地法天，天法道，道法自然”。

人类发展到今天已经走过了原始文明、农业文明、工业文明几个阶段，正在迈入生态文明阶段。在文明的不同发展阶段，人类对自然的认知，与自然的关系是不一样的。

在原始文明阶段，人类学会适应自然，在自然界获取食物，求得生存和种群的繁衍，在应对各种自然灾害和其他动物的攻击中幸存下来。在农业文明阶段，人类适应自然时令的变化，尊重自然的规律，在劳动中建立了与自然的互动关系，自然给人类的劳作以馈赠，人类对自然充满感恩，并且欣赏自然的美。“采菊东篱下，悠然见南山”“稻花香里说丰年，听取蛙声一片”“疏烟沉去鸟，落日送归牛”，人和自然汇成了一曲田园牧歌。

近代欧洲哲学有两位重要的开创者：一位是英国经验主义哲学家弗兰西斯·培根，他提出“知识就是力量”，知识是人认识自然、改造自然的力量；一位是法国理性主义哲学家笛卡尔，他提出“人是自然的主人和拥有者”。他们都认为人类可以认识自然、利用自然为人类自身造福，他们高扬了人的主体地位，展现了启蒙精神。随着工业革命和科学技术的广泛应用，人类进入工业文明时代，人和自然的关系发生了重大的变化。人与自然的关系成为认识—被认识、开发—被开发、改造—被改造、利用—被利用的关系，人充满着“人定胜天”的自信，陶醉于对自然的“胜利”，认为自己已经成为自然界的主宰，成为自然的中心。然而，人类对自然的每一次“胜利”，都可能受到自然的更为严厉的报复和惩罚。“人类中心主义”导致自然越来越不适合人类的生存，科学技术至上的后果是科学技术制造出会灭绝人类自身的武器。

生态文明时代，人类从人人平等、尊重人、爱护人推及人和自然应该平等相待，人应该尊重自然、爱护自然，认识到人不是自然万物的主宰，而是它们的朋友和邻居，产生了尊重一切生命的“生命伦理”和尊重自然万物的“生态伦理”。

走向生态文明新时代，建设美丽中国，是实现中华民族伟大复兴中国梦的重要内容。人民对美好生活的向往要求我们树立尊重自然、顺应自然、保护自然的生态文明理念，形成绿色的生产方式、生活方式。“绿水青山就是金山银山”，我们不仅要建立我们这一代人的公平、正义的社会环境，还要注重“代际公平”，为子孙后代留下天蓝、地绿、水清的生产生活环境，让每一代人都能过上美好的生活。

江苏凤凰少年儿童出版社、中共党史出版社联合出版的“童心筑梦·美丽新时代”丛书是对少年儿童进行生态文明教育的好读本，通过《绿水青山》《美丽海湾》《国家公园》《零碳未来》几本书展现了人与自然和谐共生、保护海洋、保护生物多样性、减污降碳的全景画面，让少年儿童认识祖国的绿水青山和碧海蓝天，领略祖国的美和大自然的美，激励少年儿童为建设人类共同的美好未来而学习和奋斗！

（作者系原中共中央党史研究室副主任，
中共中央党史和文献研究院原院务委员）

# 人与自然和谐共生

郭兆晖

从青山多壮志、绿水映蓝天、森林会呼吸、美丽新农田，到平湖漾清波、草原翻碧浪、沙漠换新装，《绿水青山》将带着我们走进人与自然和谐共生的美丽世界。

大自然是人类的好朋友、好伙伴，人类和大自然的关系就像爸爸妈妈爷爷奶奶和我们的关系一样亲密，人和自然万物生活在同一片蓝天下，都要和谐共生。那么，什么是人类和大自然的和谐共生呢？这是指人类与大自然就像一家人一样，你爱护我、我保护你，和谐地生活、生存。人类尊重自然、顺应自然、保护自然，自然则滋养人类、哺育人类、启迪人类。

远在中国古代，人们就认识到人类和大自然应当和谐共生，提出了“天人合一”的思想。老子说：“人法地，地法天，天法道，道法自然。”道法自然就是说人类要遵循自然的规律。孔子也说：“子钓而不纲，弋不射宿。”意思是不用大网捕鱼，不射夜宿之鸟。荀子说：“草木荣华滋硕之时，则斧斤不入山林，不夭其生，不绝其长也。”《吕氏春秋》中说：“竭泽而渔，岂不获得？而明年无鱼。”这些讲的都是对自然要取之以时、取之有度、遵循规律。

我们可以看到，人类可以利用自然、改造自然，但归根结底人类也是大自然的一部分。马克思说“人是自然界的一部分”，恩格斯也说“人本身是自然界的产物”。这并不是说人就只能依附于自然，只能任凭自然摆布。而是说，人与自然应当是一种共生关系。人因自然而生，自然为人类社会的发展提供资源，而人类利用这些资源后所产生的废物还要由自然来处理或存留在自然中。自然也需要人类来珍爱与呵护。

我们用历史望远镜看过去，一部人类文明史就是人与自然关系的发展史。在原始文明阶段，人类与自然斗争，获得生存

所需，恐怕还没有很多闲情逸致发现自然之美；在农业文明阶段，人类开始广泛利用自然，从自然获取资源以支撑自身发展，人类逐步学会欣赏自然的美丽；在工业文明时期，人类自认为凌驾于自然之上，从自然攫取大量资源，把自然破坏得千疮百孔，自然的美丽开始褪色，一些地方的生态环境恶化；在高级的工业文明时期，人类能上天入地下海，表面上征服了自然，但是自然也猛烈地报复人类，这时人类开始想要修复自然、治理污染，恢复自然的美丽；在生态文明时期，人与自然的关系才真正实现和谐共生，自然的美丽与人类社会的富强、民主、文明、和谐交相辉映。

坚持人与自然和谐共生，意味着我们要抛弃人一定能战胜大自然的观念。“人定胜天”只是人类发展某个阶段中短期的认识与做法。在这个问题上，恩格斯深刻指出：“我们不要过分陶醉于我们人类对自然界的胜利。对于每一次这样的胜利，自然界都对我们进行报复。每一次胜利，起初确实取得了我们预期的结果，但是往后和再往后却发生完全不同的、出乎预料的影响，常常把最初的结果又消除了。”人类必须充分遵循自然规律，人类对大自然的伤害最终一定会伤及人类自身，这是无法抗拒的客观规律，也逐渐成为人类的共识。

通过我们的努力，人与自然和谐共生的现代化就是这样的场景：中华大地天更蓝，山更绿，水更清，环境更优美，看得见星星，听得见鸟鸣，闻得到花香，还自然以宁静、和谐、美丽，人与自然真正实现和谐共生，成为生命共同体；每个人都能呼吸上新鲜的空气，喝上干净的水，吃上放心的食物，生活在宜居的环境中，切实感受到经济发展带来的实实在在的环境效益；我国还将给全世界提供优质的生态产品，为全球生态安全作出贡献，实现“绿水青山就是金山银山”的治理环境的中国方案，构建人类命运共同体，建设清洁美丽的世界。

（作者系中央党校国家行政学院社会和生态文明教研部教授）

## 1 青山多壮志

## 19 绿水映蓝天

## 33 森林会呼吸

## 49 美丽新农田

## 67 平湖漾清波

## 85 草原翻碧浪

## 99 沙漠换新装

## 113 共建人与自然和谐共生的美好家园

# 青山多壮志

中国是多山之国。在我们广袤的中华大地上，占比最多的地形就是山地。它们有的挺拔俊逸，有的雄壮豪迈，有的隽美温柔，有的奇秀险峻……大山既给人们带来丰富的自然资源，也是人们的精神寄托。山有情，人也有情，只有保护好大山，建设好大山，大山才会带给我们更好的回馈。

福建省武夷山三才峰／图片来源 视觉中国

# 多山之国

翻开地图，会发现咱们中国有许多种山。这些不同的山，构成了祖国瑰丽多彩的景色。从西部雄阔宏丽的青藏高原，到东边秀美低缓的平原丘陵，山构成了中国地形的骨架。从空中俯瞰中国大地，一列列高山正好成了分界线，地势就像阶梯一样，自西向东，逐渐下降，形成了“西高东低，三级阶梯状分布”的特点。

在这个章节里，我们将领略祖国具有代表性的山系风光，了解和“山”有关的趣味知识。

## 什么是“山”？

相对于平地来说，山是地面上高高凸起的部分，山自上而下可以分为山顶、山坡和山麓三个部分，尖尖的山顶通常被称为**山峰**。

连绵起伏的山，通常被称为**山脉**，比如人们常说的“喜马拉雅山”，其实指的就是喜马拉雅山脉。

一座山脉可能有很多山峰，比如，珠穆朗玛峰就是喜马拉雅山脉的一座山峰，在这个山脉里，同样高高耸立的还有南迦巴瓦峰、希夏邦马峰等100多个海拔超过7000米的高峰。

很多山脉连在一起，按一定方向延伸，就会形成**山系**。

现在，我们可以总结一下，简单来说，在地面上高高凸起的部分被称为“山”，很多山连在一起叫山脉，很多相邻的山脉连在一起，就构成了山系。

# 喜马拉雅山：世界第一山

这座年轻的山脉正是这个星球上海拔最高的山脉——喜马拉雅山脉。它分布在青藏高原南缘，从西到东绵延 2400 多千米，主峰珠穆朗玛峰海拔 8848.86 米，是世界第一高峰。

## 垂直自然带

在喜马拉雅山脉东端的南迦巴瓦峰，拥有近 7000 米相对高度的落差，是中国最全的山地垂直自然带。在这里我们能看到从热带到寒带的多种自然景观。

## 绒布冰川

绒布冰川是世界上发育最充分、保存最完好的特有山谷冰川形态，冰在这里成了神秘的雕塑大师，为我们创造出奇迹般的冰塔林。

## 中国登山队

1960 年 5 月 25 日凌晨 4 时 20 分，中国登山队队员王富洲、屈银华、贡布登顶珠穆朗玛峰，创造了人类历史上首次从北脊征服珠峰的奇迹。

■ 横断山脉的雪域贡嘎／图片来源 视觉中国

# 祁连山：山的海洋

绵延不绝的祁连山上终年积雪，山下牧草丰美，景色怡人。早在两千多年前，这里就是碧草连天的天然牧场。群山之下，静卧着千年丝绸之路，美丽的河西走廊焕发出新时代的活力与生机。

■ 连绵雄伟的祁连山 / 图片来源 视觉中国

## 多样的生态系统

这座巨大的山系拥有丰富多样的自然生态系统和野生生物资源，富集了森林、冰川、河流、湿地、荒漠等多种生态系统类型。

## 2000 多年前的马场

祁连山下的山丹军马场是世界上历史最悠久的马场，它在公元前 121 年由西汉骠骑将军霍去病始创。

## 卢森岩画

在祁连山国家公园西北部发现的卢森岩画，成了自古以来人类和动物在祁连山繁衍生息的证明。

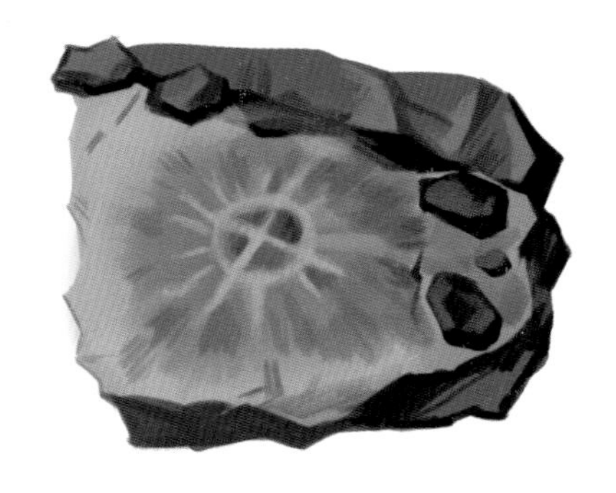

# 武夷山：世界生物模式标本产地

武夷山地处我国福建省的西北部，是世界文化与自然双重遗产，它具有独特的生态系统和生物多样性特征，有“昆虫世界”“鸟的天堂”“世界生物模式标本产地”等美誉。

■ 武夷山 / 图片来源 视觉中国

## 生态链接

### 武夷山的动植物

为了研究武夷山的动植物，武夷山国家公园多次开展了生物资源调查，发现了很多武夷山新物种。右图为 2016 年 6 月至 2021 年 9 月，武夷山国家公园体制试点期间发现的 11 种动植物新种中的两种两栖类新物种。

武夷林蛙

雨神角蟾

# 与山知己

中国的山大大小小，成千上万。万岩千峰以不同的姿态屹立在大地上，它们有的拔地而起，直插云霄；有的连绵千里，守护一方。它们各自发挥着重要的作用，深刻地影响着人们的生产生活。

### 五岳

五岳是五座名山的总称，包括中岳嵩山、东岳泰山、西岳华山、南岳衡山和北岳恒山，是中华传统文化中高山的代表。它们的海拔均在 1300 米到 2200 米之间。

### 海拔高度和相对高度

五岳是高山险峰的代表，它们看起来高耸入云，高不可攀。可实际上，与青藏高原上的山相比，五岳的海拔高度并不算高。而高原上，一些山的海拔很高，看上去却可能和平原上的山差不多。

这就是海拔高度和相对高度的区别。

**海拔高度：**地面和海平面的垂直高度差，被称为海拔高度。
**相对高度：**相对高度指的是从山脚到山顶的垂直高度。

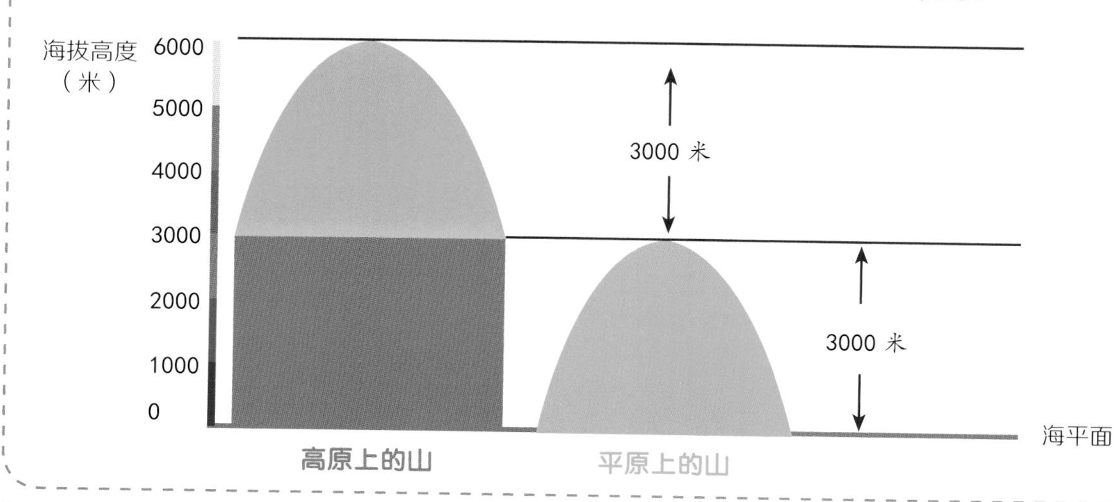

## 桌状山和塔状山

有些山峰的山顶像是戴了一顶平顶帽，很平坦，这种山峰被称为“桌状山”。与之相对的是高耸挺立的“塔状山”。

## 中国丹霞

2010 年 8 月，贵州赤水、福建泰宁、湖南崀山、广东丹霞山、江西龙虎山、浙江江郎山组成的丹霞地貌组合，以“中国丹霞”名称成功申报世界自然遗产。

## 高山上的火车站

海拔超过 5000 米的唐古拉站位于青藏铁路上，它采用太阳能发电配电技术，是一个无人值守的火车站。

## 昆仑山

传说中的西王母住的地方，山顶终年银装素裹，云雾缭绕，形成了闻名遐迩的“昆仑六月雪奇观”。

## 愚公移山

这个家喻户晓的成语故事里的两座山太行山和王屋山，其实都属于太行山脉的一部分。

# 只为青山猿鸟乐 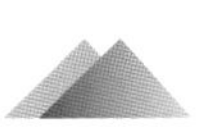

山是很多种动植物繁衍生息、连绵永续的栖息地。

随着海拔高度的变化，山上的生态景观和生物都会不一样，很多动物还会因为季节变化在不同高度的山区活动栖息。

如果把一座高山当成一座摩天大

①刺突高原鳅能生活在海拔 5000 米以上。

②贺兰山金雕的飞行时速最高能达到 320 千米。

③雪豹被称为“雪山之王”。

④生活在山里的林麝会随着季节迁徙。

⑤ 2015 年，一度被认为已经在野外灭绝的陕西羽叶报春在秦岭南麓被再次发现。

⑥白唇鹿是青藏高原的特有物种。

⑦翅果油树是与恐龙同时代的神奇树种，仅存于中国山西吕梁山一带。

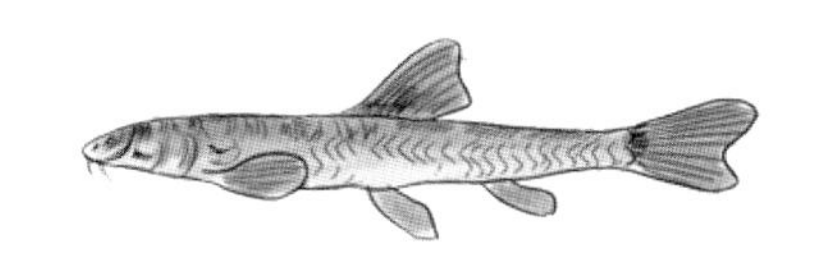

① 刺突高原鳅

② 金雕

③ 雪豹

豹猫

④ 林麝

⑤ 陕西羽叶报春

⑥ 白唇鹿

玉龙尾凤蝶

黔金丝猴

川陕哲罗鲑

⑦ 翅果油树

塔黄

雪莲花

高原鼠兔

楼，一楼可能是热带雨林；一路往上，则会经过亚热带、暖温带，一直到寒带；到了几百层楼的时候，海拔 4000 米以上，动物的种类越来越少，高山植物则以低矮的灌木草甸为主；到了海拔 4700 米之后，生命的迹象就几乎不可见了。

秦岭羚牛

⑧全球朱鹮种群数量已由 1981 年的 7 只，增加到了 9000 余只（截至 2022 年 12 月）。

⑨钟萼木是中国特有的第三纪孑遗植物，被称为“植物中的龙凤”。

⑩“鸽子树”珙桐是中国特有的单属植物。

⑪国宝植物桫椤是已知的唯一木本蕨类植物。

大熊猫

白马鸡丽江亚种

绿花百合

⑧ 朱鹮

⑪ 桫椤

独花兰

⑩ 珙桐

⑨ 钟萼木

太行菊

# 秦岭：晴开万井树 又复一山青

秦岭北淌黄河、南流长江，它蜿蜒逶迤，温柔地横亘在祖国的中部，是中国南北地域的分界线。这里面积大，地形复杂，生物多样，想要维护好，难度可不小。

为了保护好这个大宝库，人们通过实地调研，分析利用生态大数据，引进先进科学技术，精细地监管秦岭的每一寸土地，让秦岭欣欣向荣，生生不息。

■ 陕西秦岭南北分界太洋公路秋景 / 图片来源 视觉中国

## 秦岭复绿也需要大数据

在秦岭复绿项目中，通过“数字秦岭”技术，运用大数据和云计算，就能建立起天、地、空和人一体的信息共享体系。把秦岭的生态环境数字化，用数字技术去管理和监测生态环境，能够更好地预防火灾、治理病虫害和保护生物多样性。

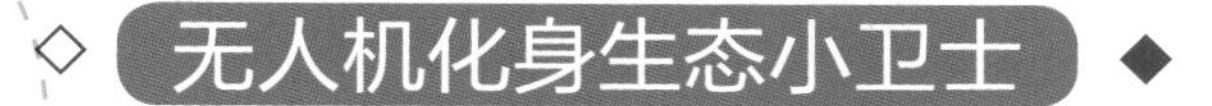

## 无人机化身生态小卫士

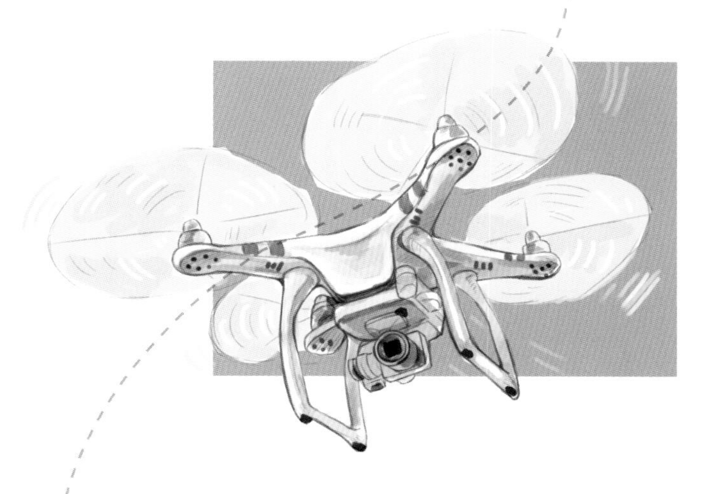

以前，人们大多采用人工检查的方法来保护秦岭的水源，现在有了无人机，能够更高效、更方便地实时监测河流的情况，大大加快了解决问题的速度。

## 野生川陕哲罗鲑归来

近年来，在科技力量的持续加持下，秦岭得到了很好的保护，秦岭的野生动植物保护也取得了显著的成果。“川陕哲罗鲑”这种珍稀鱼类，原本因为环境变化已经在陕西、四川等地绝迹。2012年，在秦岭山区汉江上游的太白河，19 尾川陕哲罗鲑重新进入了人们的视线。这个发现震惊了整个鱼类保护学界，不亚于秦岭另一种珍贵鸟类——朱鹮的再发现。人工繁殖的川陕哲罗鲑将被放流在秦岭南坡的自然河流中，科研人员希望能以此壮大川陕哲罗鲑的野生力量。

## 荒山变密林

怎样让荒山变密林？全部种树行不行？在水土流失严重的地方，若是贸然种树，树的成活率会很低。想要改善土地，修复生态，就一定要因地制宜，根据不同的土地状况，使用不同的处理方法。

比如，对侵蚀程度严重的土地，需要采用的是“草灌乔＋竹节沟”的治理方法。

首先，在山坡上每隔 3 米沿等高线挖一条水平的蓄水沟，从远处看去，就像竹子一样一节一节的，这就是“竹节沟”。

其次，在沟里挖坑，一个接着一个，看起来就像鱼鳞一样。

最后在坑里种上各种乔木，在沟旁的土埂上种上草和灌木。种树，种草，种灌木，这就叫“草灌乔”。

循序渐进，采用这种方法，土壤就会渐渐恢复生机。

# 绿水映蓝天

水是大地的动脉，是生命的起源，是人类文明的摇篮。

数千年来，人们利用河流供水灌溉，筑坝修堤，修建航道，河流便利了我们的生活，也深刻地影响着中华文化。

■ 黄河源头湿地／图片来源 视觉中国

# 万古江河

在祖国的大地上，分布着数不清的大江大河，它们彼此交错，源远流长。其间有细水长流的静谧与美好，有百川归海的博大与壮阔，有“子在川上曰：逝者如斯夫”的深远哲思。

中国水系的分布并不均匀，东部地区，河流多而长；而西北地区和藏北高原内流流域内，河流少，规模相对也要小一些。一部分河流注入海洋，另一部分流入封闭的湖沼或消失于沙漠。

## 什么是“水”？

“水”，不仅指长江、黄河这样的大江大河，也包括中小型的河流、渠系等。在我国，人们通常将北方的水称为**“河”**，譬如黄河、淮河、塔里木河等，将南方的水称为**“江”**，譬如长江、珠江、钱塘江等。当然也有例外，譬如南方有浏阳河，北方有嫩江、鸭绿江、黑龙江。

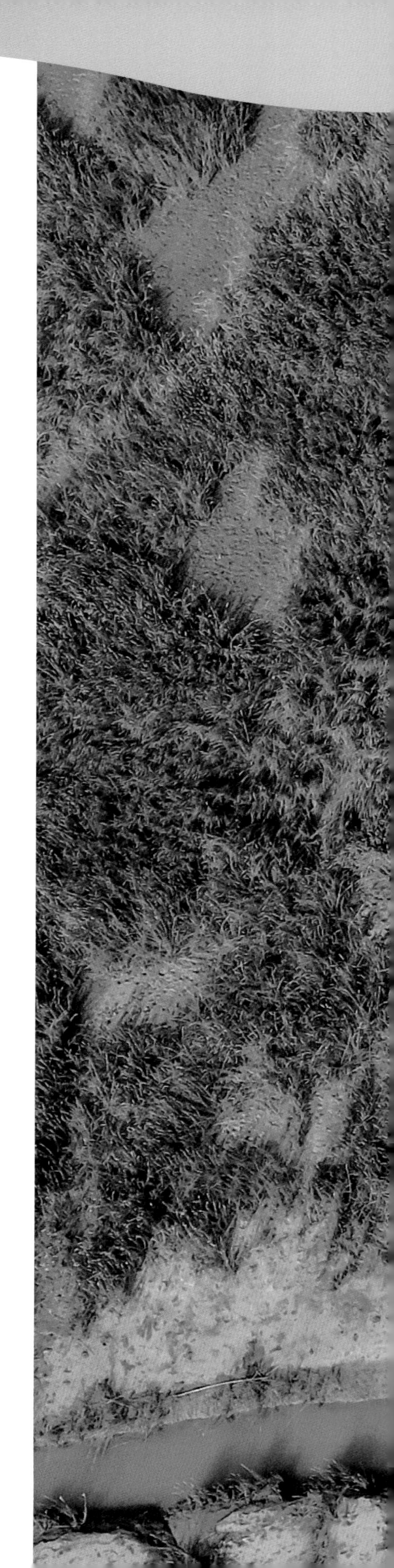

■ 江苏盐城条子泥湿地（航拍）/ 图片来源 视觉中国

## 长江：万里如练　奔流不息

长江是我国最长、流量最大的河流。它从青藏高原的唐古拉山脉出发，一路浩荡而去，共穿越 11 个省级行政区，在崇明岛注入万顷大海，全长 6300 多千米，是亚洲第一大河、世界第三大河。

### "长江"之名

先秦时，长江被称作"江"，汉朝时为"大江"，到了晋代，才被普遍称作"长江"，并被沿用至今。

■ 长江源头河流分支

### 两亿年

科学家分析，长江形成于距今两亿年的三叠纪时代，在经历了无数地壳运动之后，它才形成如今千姿百态的地理样貌。

■ 长江第一湾 / 图片来源 视觉中国

## 茫茫九派流中国

■ 金沙江上的虎跳峡

据统计，长江一共有700多条支流，在不同的江段各有其自己的名称。比如，长江源地区，它叫“沱沱河”。在青海，它叫“通天河”。到了四川，人们叫它“金沙江”“岷江”。还有“荆江”“扬子江”，统统都是它。

# 黄河：九曲浪滔滔

黄河全长 5400 多千米，流域面积约 80 万平方千米，是中国第二大河、世界第五大河。黄河受到地质因素的影响特别明显。黄河的中上游以山地为主，中下游以平原、丘陵为主。由于河流中段流经中国黄土高原地区，夹带了大量的泥沙，黄河也因此成为世界上含沙量最大的河流。

## “黄河”之名

据考证，黄河一词最早见于东汉班固《汉书·地理志》中。直到唐宋时期，“黄河”这一名称才被广泛使用。

■ 河南焦作黄河北岸的麦地

## 黄河文明

黄河文明孕育了“四大发明”和丝绸制造、瓷器烧制等科学技术，还通过丝绸之路吸收其他文明古国的科学技术。

## 能源长廊

黄河的上游区域，建有大型水电基地，中游地区分布着宝贵的煤炭资源，下游地区蕴藏着丰富的石油、天然气资源。

■ 黄河小浪底

■ 多姿多彩的黄河／图片来源 视觉中国

## 形态万千的江河

江河浩荡，百川异源。中国的河流之中，流域面积超过 1000 平方千米的河流达到了 1500 多条。其中长江、黄河、黑龙江、松花江、珠江、雅鲁藏布江、澜沧江、怒江、汉江与辽河，被认为是“中国十大河流”。

黑龙江的江水水色发黑，并因此得名。

塔里木河是我国最长的内陆河。

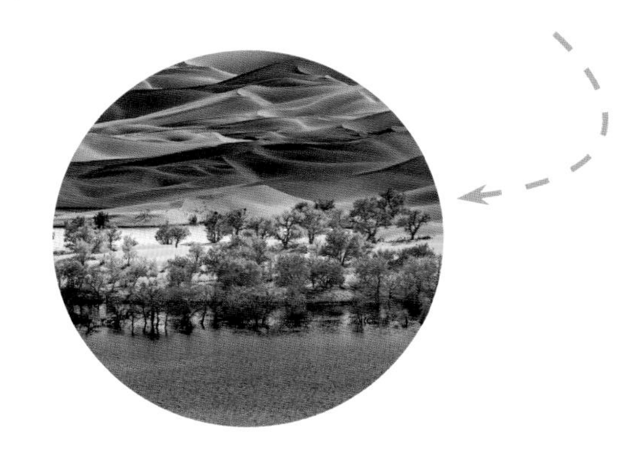

内蒙古的耗来河是我国最窄的河流，全长 17 千米。它的河道最窄处仅仅几厘米，一本书就可以当成桥。

雅鲁藏布江是世界上海拔最高的河流，平均海拔 3000 米以上。很多山峰的高度都还够不到雅鲁藏布江的河床呢。

## 最早的运河

灵渠是世界上存在最完整的古代水利工程，它始建于秦朝，沟通了长江、珠江两大水系，是一项非常了不起的水利创造。

## 白水河，黄果树

贵州省的“黄果树大瀑布”古时候被称为“白水河瀑布”，因瀑布的附近广泛分布着“黄葛榕”，便渐渐被称为“黄果树大瀑布”了。

## 万粒黄沙一粒金

宋代时，这条江因为江水中出现大量的沙金，便被称为“金沙江”。如今，这里的黄金含量依然很高。

## 了不起的京杭大运河

京杭大运河全长约 1794 千米，是我国最长的运河。它连通南北，人们设计并挖掘了多条河道以连通天然河道，方便航运，加强各地之间的文化交流。

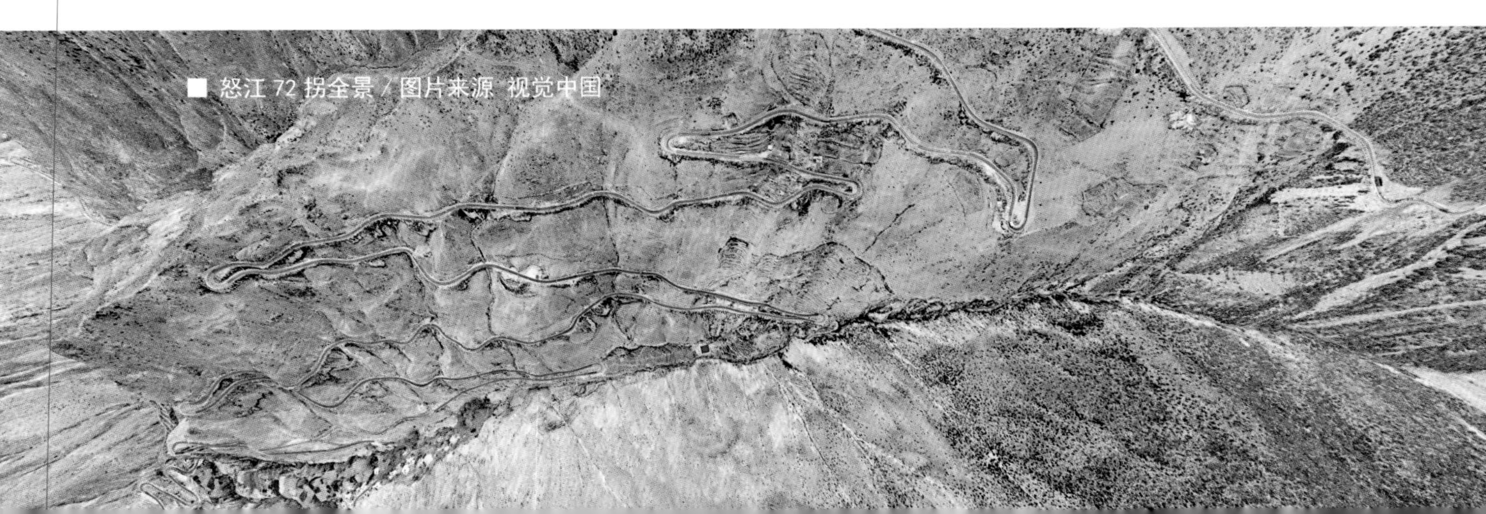

■ 怒江 72 拐全景 / 图片来源 视觉中国

上游
中游
湿地
湖泊

# 碧水奔流东到海

河流从哪儿来？刚开始，河流可能只是雪山或冰川融水所形成的小河流，也可能是地面上涌出来的一股泉水，或是雨水汇集成的溪流。它们越聚越多，经过山脉层层下流，有的在山底的河谷形成小小的源头河或湖泊；有的流向源头河或湖泊的附近，形成大型的湿地；有的因地势的影响，变成了河流的干流或支流；有的独自走向山林深处，成为一条小溪；还有的则一往无前，涌入了大海。

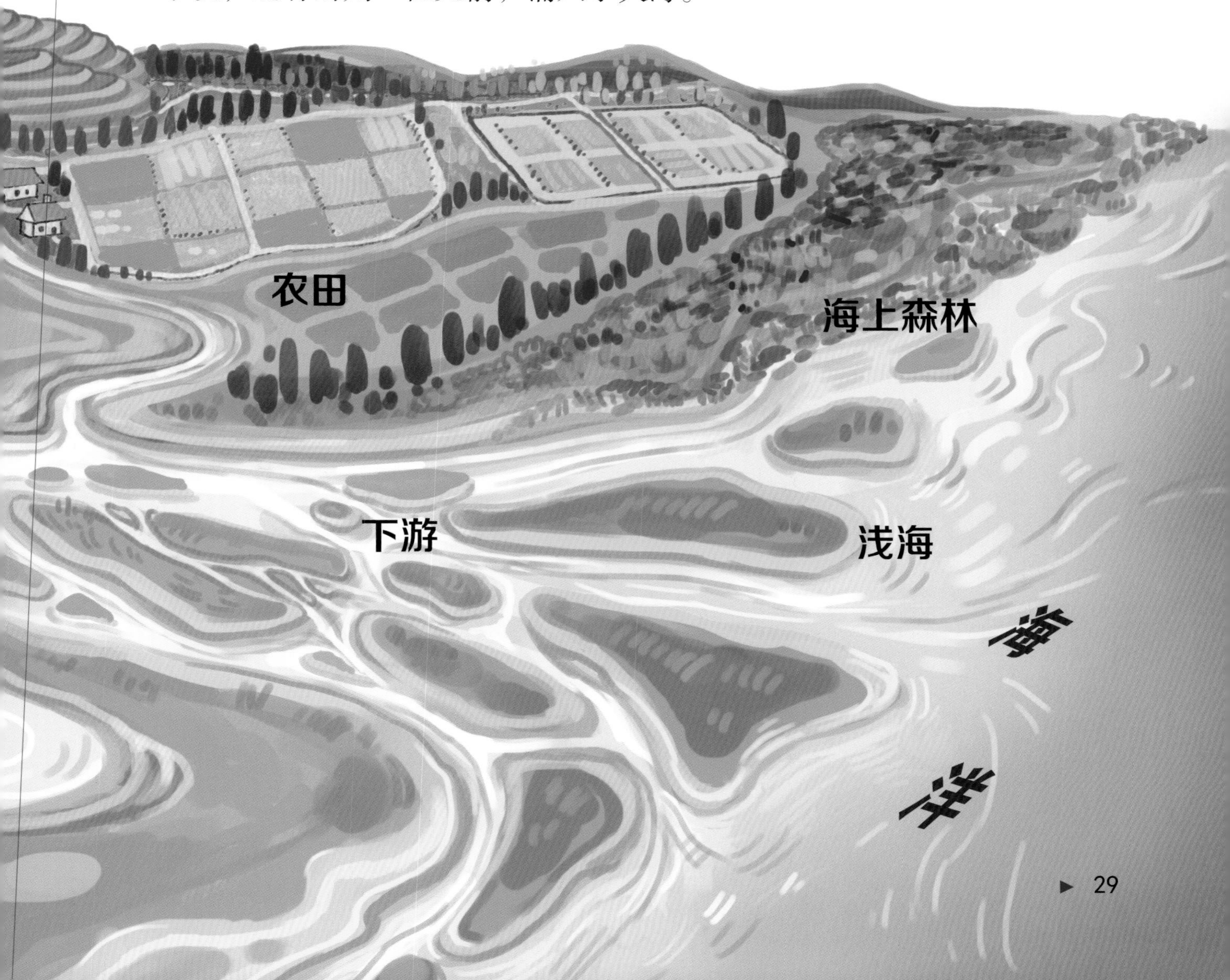

# 坐看江豚蹴浪花

喜欢亲近人类的长江江豚，性格温顺可爱，是世界上唯一的江豚淡水种群。可是，你们知道一只江豚要想快乐地在水中生活，需要经历多少磨难吗？

过去，它们需要躲过水体的污染，避开螺旋桨的误伤，逃脱非法渔具的残害，还要忍受因为鱼类被过度捕捞而失去食物的困境，更要小心地平安度过枯水期，否则就会面临搁浅的危险……这些原因使得江豚面临着严峻的生存困境。长江中的很多鱼类，也面临着同样的境遇。

## 十年禁渔期

自 2021 年开始，我国对长江实行了“十年禁渔计划”，让江中的鱼儿可以安心休息、繁衍。如今，“禁渔”已初见成效。在长江中游，一些多年未见的物种（如鲟）得以重新出现。在下游干流和洞庭湖、鄱阳湖通江水系，长江江豚频频现身。

■ 江豚在长江畅游 / 图片来源 视觉中国

## 建立保护区

长江拥有水生生物 4300 多种，其中 170 多种为长江特有。为了挽救濒临灭绝的水生物种，以这些物种为保护对象的保护区被建立起来，科学家们通过异地保护的方式，为它们寻找新的栖身之所和洄游产卵场，以恢复、增加它们的种群数量。这对改善长江水域生态环境，恢复其生态功能具有重要意义。

## 治水新科技

中国古代有很多卓越的治水实践，人们积累了丰富的经验，也沉淀了深刻的思索。随着水资源保护意识的加强，各种科技发明的应用让“治水”更加现代化。

### 1. 收一收，更干净

别小看这艘船，它能利用潮汐力原理，在河面形成涡旋系统，自动收集河面上的塑料瓶、树叶等垃圾。垃圾填满后，还会自动发出清理提示。

智能 AI 水面垃圾收集器

### 2. 拍一拍，全知道

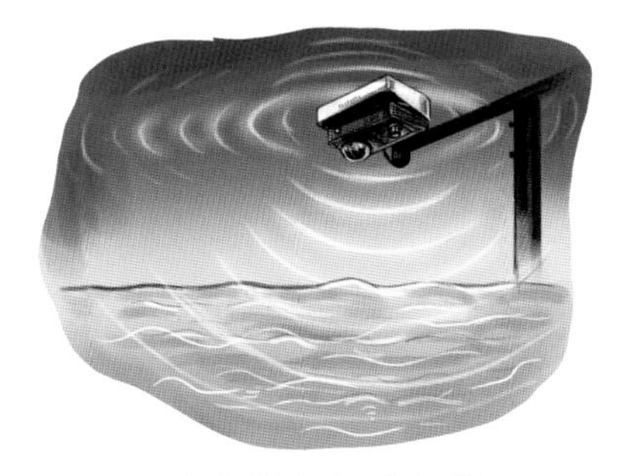

高光谱水质监测仪

这个看起来像摄像头的小家伙可以通过光谱分析，实现关键水质参数的实时高频监测。只要用它拍一拍，水质怎么样、水里各种元素的含量、有没有污染等信息，我们就能全部掌握啦！

### 3. 小芯片，大科技

这块“玻璃片”上面有很多微型探针阵列，它可以把环境中的常见蓝藻分布信息和演化动态一网打尽。这样，科研人员就能及时掌握水体里的蓝藻多样性和种群变化情况，准确做出评估。

蓝藻检测芯片

# 森林会呼吸

森林有千姿百态的美。在人们的印象中，森林是静谧的："幽鸟林上啼，青苔人迹绝"，林间空寂，鸟儿幽啼；"山风吹空林，飒飒如有人"，风儿吹过起伏的林海，树叶发出沙沙的响声……森林中的一切都在时刻动态变化着，经历过清风吹拂、朝露润泽，也经历细雨暖阳，寒霜酷暑。森林万物在时间的流逝中，生生不息。

■ 西藏林芝岗乡云杉林风光 / 图片来源 视觉中国

# 草木葱茏

森林覆盖了地球表面约三分之一的面积。它们是土壤微生物的家园，微生物和昆虫、鸟类、哺乳动物一起，丰富了土壤，滋养着大地。它们吸收着二氧化碳，为人类提供源源不断的氧气，也为人类提供了水源和食物。

森林是复杂而多样的，既有映衬在白马雪山下的杜鹃林，也有沙漠里“千年不死”的胡杨林，还有高耸入云的云杉林……让我们一起去认识祖国的森林吧！

## 不一样的树叶，不一样的森林

乍一看，都是树木林立的森林，仔细分辨，树与树长得可不一样。

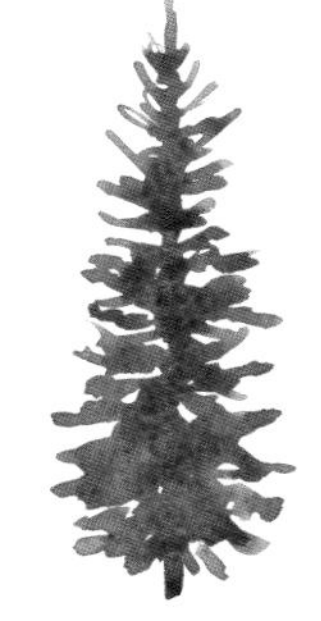

**常绿树**

一年四季都是绿色的树，叫常绿树。

**落叶树**

叶子会变色、会落下的树，叫落叶树。

**阔叶树**

叶子的形状宽宽大大的，这是阔叶树。阔叶树耐热，怕冷。

**针叶树**

叶子的形状像针一样，这是针叶树。针叶树通常生长缓慢，寿命长，适应范围广。

我国的森林按由北向南的地带性分布特征，主要分为以下五种。

①寒温带针叶林

②温带针阔混交林

③温带落叶阔叶林

④亚热带常绿阔叶林

⑤热带季雨林

# 大兴安岭：黑土地上的植物乐园

祖国的北疆有一片肥沃的土地，名叫大兴安岭。由于独特的气候条件，这里物华天宝，自然资源十分丰富。

■ 大兴安岭云雾秋色 / 图片来源 视觉中国

## 生态链接

我国最北端的森林公园在黑龙江漠河市，公园里有着独特的寒温带森林景观，有“神州北极”的美誉。

▲ 秋季的大兴安岭层次分明，色彩斑斓，惹人沉醉。

▲ 冬季的大兴安岭银装素裹，雾凇冰挂，仿若仙境。

■ 西藏林芝岗乡云杉林风光（航拍）/ 图片来源 视觉中国

# 林芝云杉林：山高林密 古木蔽日

位于雅鲁藏布江下游、南迦巴瓦峰山脚下的林芝被称为“西藏的江南”。林芝有一片古老的原始森林，生命在这里绵延了几万年。森林中山水相连，古木参天，高大的云杉整齐地排列着，它们的树冠能够遮蔽天空。

■ 西藏林芝南伊沟的原始森林风光 / 图片来源 视觉中国

## 西双版纳热带雨林：深山流翠 大树望天

云南省的西双版纳热带雨林自然保护区，雨量充足，空气湿润。地面上的藤蔓缠绕着大树，雨林中孕育着丰富的动植物，生物群落多样，是天然的生态宝库。

■ 西双版纳热带原始森林自然景观 / 图片来源 视觉中国

▲ 望天树是西双版纳的独有品种，它高达七八十米，如利剑一般直冲云霄。

◀ 云南野生象的出走曾经牵动了多少人的心。

# 古木新知探林海

为了增加森林面积，我国建造了很多人工林。近年来，我们的森林覆盖率一年比一年高，这离不开无数人的辛勤付出。

## 175 亿人次

森林是地球之肺，丰富的森林资源是生态良好的重要标志。在近十年的时间里，我国森林面积净增 25 万平方千米，人工林总面积稳居世界第一。截至 2021 年底，全国适龄公民累计 175 亿人次参加义务植树，所种植株达 781 亿株。

## 三北防护林

三北防护林是指在我国的西北、华北和东北地区建设的大型人工林业生态工程，作用是减缓荒漠化和土地流失。三北防护林工程于 1978 年启动，预计在 2050 年完成。它横跨 13 个省，是我们的“绿色长城”，是世界上最大的生态工程。

## 胡杨林

内蒙古自治区的巴丹吉林沙漠地带，拥有世界上仅存的三大原始胡杨林之一的额济纳胡杨林。

## 张家界国家森林公园

位于湖南张家界的张家界国家森林公园，1982年经国务院批准成立，是我国第一个国家森林公园。1992年12月，它被联合国列入《世界自然遗产名录》。

## 云山竹海

四川的蜀南竹海是世界上集中面积最大的天然竹林景区，青竹染绿了500多座山峦，云漫竹海，风景如画。

## 3.71亿年

我国最古老的森林有多“老”？研究结果显示，在3.71亿年前，我国就出现了森林，这片森林位于新疆塔城地区。在这里曾经发现过直径为70厘米的植物茎干化石，是已知最古老的树木之一。

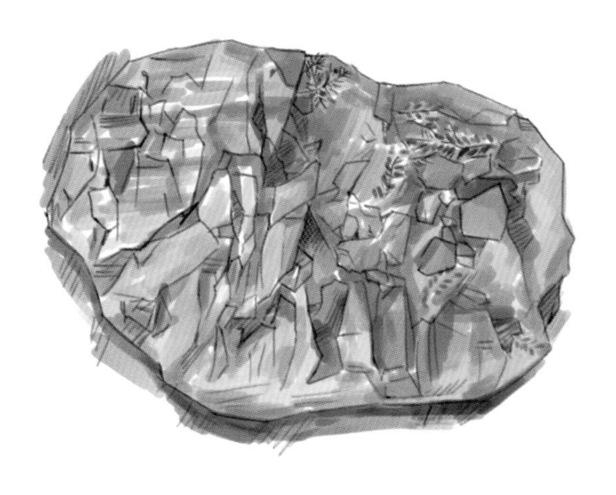

## 雅江防护林

雅江防护林蜿蜒在雅鲁藏布江沿岸，成为国家生态安全屏障的一部分。

## 海南热带雨林国家公园

在海南热带雨林国家公园，森林覆盖率高达95.85%，这里拥有我国分布最集中、保存最完好、连片面积最大的热带雨林。

▲ 濒危植物、国家一级重点保护野生植物坡垒

## 只此青绿

森林是一个很奇妙的地方。

大树努力生长，优先享用太阳的能量，巨大的树冠既能遮挡太阳，也能保护其他植物；矮小的植物充分利用从树冠间漏下来的阳光，吸收养分，努力长大。

与此同时，森林里生活着其他生物，有飞禽走兽，也有忙忙碌碌的虫子，还有很多微生物。它们努力适应森林环境，找到适合自己的生存空间，也组成了森林多样性的生物群落。

# 塞罕坝：从一棵树到一片“海”

在河北省最北端、内蒙古高原最南缘，横亘着一片浩瀚的万顷林海，这就是“美丽高岭”塞罕坝。这里曾经水草丰沛、森林茂密，后来由于过度开垦和连年战争，森林植被被破坏，变成了荒丘，只剩下一棵约 20 米高的松树，孤零零地伫立在大地上。

从 20 世纪 60 年代开始，国家就下决心要在这里恢复植被，重建林场。虽然困难重重，但是经过一代又一代人的努力，用几十年的时间，人们终于在曾经风沙蔽日的荒原上建起了百亩人工林，3 亿多棵树组成了坚实的生态屏障。2017 年 12 月，中国塞罕坝林场建设者荣获联合国环境领域最高奖项“地球卫士奖”。

## ◇ 贵州大方县坡头森林：一个人种出一片森林 ◆

在贵州毕节大方县的坡头山，有位 70 多岁的护山老人每天在山上植树、巡山、护林，和森林朝夕相处。在他的守护下，坡头山由 5 亩荒山变成了现在的 665 亩森林。

现在的塞罕坝绿意盎然，美景如画，它阻止了浑善达克沙地的南侵，涵养了下游的水源，释放氧气，固定二氧化碳，孕育了丰富的物种资源。

塞罕坝的奇迹使荒原变林海，铸就了牢记使命、艰苦创业、绿色发展的塞罕坝精神。

## ◇ 海南吊罗山国家森林公园：路中树 ◆

■ 吊罗山雨林冬韵 / 图片来源 视觉中国

为了保护生态，吊罗山国家森林公园的建设者们坚守着“生态为先”的理念，在施工中坚持不砍一棵树，采取“大树绕行、小树移栽”的方法，保护生态红线。

## 森林里的高科技

莽莽森林，面积广阔，环境复杂，想要保护森林，需要深入地认识了解它。各种现代科技、智能化手段的运用，揭开了幽静森林的神秘面纱。

### 给大树量身高

以前，人们通过测量树的影子来计算树高。如今，现代科技的加入让测量数据更准确也更全面。

2022 年 5 月，中国的科学家测量团队采用无人机激光雷达加背包激光雷达技术，获取了一棵高达 76.8 米的“不丹松”的精确数据。这种测绘方法让森林调查的时间更短，效率更高。

### 为森林画画像

SAR 遥感卫星利用微波成像的原理，可以给地球拍摄高清“CT”，准确监测森林面积，测算森林数据，有效管理和保护森林。

### 建立林业大数据

通过建立林业大数据，管理人员可以实时了解整个森林的情况，实现自然灾害预警和森林档案管理。

# 美丽新农田

“田”，一个古老的中国汉字，横平竖直，四四方方。勤劳的中国人自古热爱土地，我们的祖先在一年又一年的“锄禾日当午，汗滴禾下土”中，一步步地丰富着田地的内涵，在这片土地上播种、丰收，走向富强。

■ 安徽合肥大力实施高标准农田项目建设 / 图片来源 视觉中国

# 良田万顷

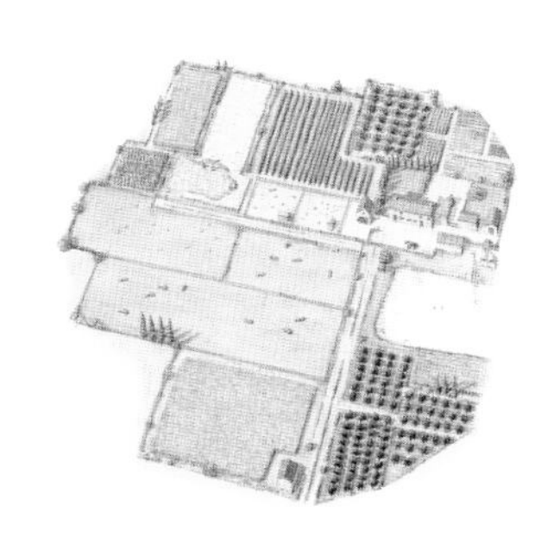

我国是农业大国。从岭南大地到江南水乡，从中原粮仓到东北黑土地，各具特色的农田是我们国家最为宝贵的资源。农田，不仅是粮食安全的保障，是经济发展的物质基础，也是生态系统重要的组成部分。

今天的“田”不再全都四四方方，开阔的农田形态万千。同时，越来越多的科技正走进农田，5G、卫星、大数据、互联网、智能机械……科技改变着农业生产方式，让这片历史悠久的土地焕发出新的活力。

## 生态链接

截至 2019 年，我国人均耕地面积不足 1.4 亩，远低于世界平均水平。为了保护农田，我们国家做了大量的工作。2021 年，国家提出“实施高标准农田建设”的目标，严守 18 亿亩耕地红线；提高耕地质量，打造优质良田；保护耕地生态，让疲惫的土地“喘口气”。

## 什么是“田”？

根据相关法规，土地按照用途被分为农用地、建设用地和未利用地。

农用地并不单单指农田，它包括耕地、林地、草地、农田水利用地和养殖水面，其中的“耕地”就是传统意义上所说的农田，人们在上面种植各种农作物，包括粮食、蔬果等。

农田也分很多种类。**基本农田**是保证人们对农产品的需求而必须确保的耕地，种植的是高产量、优质型的粮食，比如粮食作物、蔬菜瓜果、药材茶树等，是绝对不能被占用的耕地。

**一般农田**则没有那么严格的标准。除了种植粮食，它还可以在经过审批的情况下，用于开办养殖场、栽种果树或者开设鱼塘。

**高标准基本农田**是耕地中的精华。要成为高标准基本农田，首先，田地要连成片，要有配套的农业设施；其次，田地的产量要高要稳定，还要有很强的抗灾害能力。

美丽农田 / 图片来源 视觉中国

# 广西龙胜：梯田之乡

广西龙胜地区的人民在龙脊山上打造梯田进行种植。这种特殊的耕种方式最早出现在秦汉时期。直到今天，龙脊山上的梯田依然发挥着生产粮食的作用，传承着中华文明的农耕智慧。

■ 广西龙胜梯田金佛顶 / 图片来源 视觉中国

▲ 云南元阳的梯田

▲ 贵州从江的梯田

▲ 海南五指山的梯田

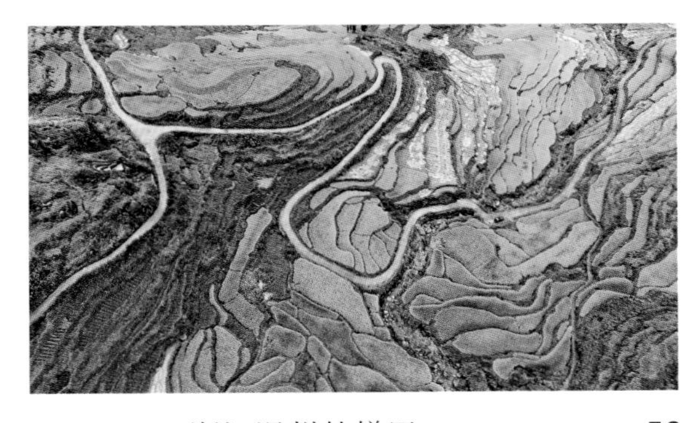

▲ 浙江温州的梯田

# 江西吉安：田野的规律之美

■ 江西吉安高标准农田 / 图片来源 视觉中国

从高空俯瞰，方方正正的农田连接成片，整齐划一，美不胜收。高标准农田适宜采用机械化作业，能节约成本、旱涝保收、增加产能、高产稳产。

## 江苏兴化：田间陌上黄金花

“河有万湾多碧水，田无一垛不黄花。”江苏兴化的油菜花生长在四面环水的垛田上，从高处看下去，黄灿灿的垛田就像一座座金色的小岛，纵横交错，星罗棋布。

■ 江苏兴化垛田 / 图片来源 视觉中国

## 生态链接

兴化种植油菜花已经有700多年的历史了。这里沼泽多，缺少种植油菜花的泥土，勤劳智慧的兴化人在沼泽中开挖河道，堆积泥土形成垛，一举解决了油菜花种植的问题，“垛田”一词也由此而来。

## 福建长汀：众鸟高飞稻谷沉

在福建长汀县有一片农田，那里随处可见沉甸甸的水稻、成群结队的家禽与大批大批的瓜果。这里的特产“五彩稻”更是闻名世界。

长汀人坚持水土之治、生态富民的道路，通过30多年的努力，将昔日的“红壤火焰山”变成了举目皆绿的“金山银山”。为了打造精品农田，他们选用优质稻种，采用机械化生产、绿色防控病虫害等先进科学技术，走出了“绿富双赢”的生态农田路线。

现在的长汀，不仅年年粮食丰收，生态环境也越来越好，绿满山头，鸟儿越来越多，人与鸟构成了别样和谐的乡村画卷。

■ 福建长汀马罗梯田 / 图片来源 视觉中国

# 稻花香里说丰年

在漫长的农地开发历史中，出现过多种农田：畬田、梯田、圩田、葑田、代田、区田……这些五花八门的“田”，各自代表了一种独特的农地开发利用方式。它们有的已成为历史，有的则延续至今。

## 畬田，刀耕火种的局限

用最原始的刀耕火种的方法种出来的田叫畬田，有很大的局限性。畬田一年到头不施肥，也不休耕，两三年后土地肥力就消耗殆尽，人们只能再去寻找新的土地。

## 葑田，农业生态浮岛的起源

葑田指的是漂浮的，可以移动的农田。如今，科研部门模仿古代浮田的结构，将水生植物种植在浮岛上，起到美化环境、净化水质的目的。

## 代田，中国人的奇妙发明

古人为了合理利用土地，发明了代田。人们将土地开成一条条宽深各一尺的沟和垄，通过轮流种植的方式让土地得到休养生息，也有益于防风抗灾。

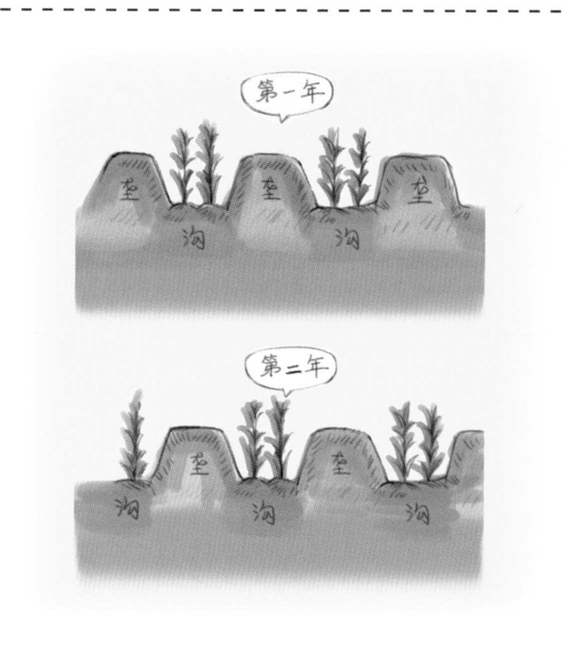

## “田”的变形记

田，正如它的字形，四四方方。几千年来，农耕技术的不断发展提升了单位土地面积的产量，富有创造力的中国人让中国在农业文明时代处于领先地位。而现代的“田”的面貌，更是超乎我们的想象——

### 方方的田

河南中牟县的小麦田。

### 圆溜溜的田

陕西定边县的这片农田使用了指针式喷灌设备，圆形农田能最大限度发挥其功效。

### 直直的田

甘肃河西走廊的玉米田里，正在进行机械化收割。

### 弧形的田

在广西桂林市，农作物顺着梯田的形态，在山坡上形成一道道美妙的弧形。

### “会画画”的田

上海市崇明区的这片稻田画“小江豚的旅行”以7.9万多平方米的面积，成功挑战吉尼斯世界纪录，被认证为“最大稻田画”。

### 制造花海的田

内蒙古赤峰市的花田里，各种作物掀起五彩斑斓的“波浪”。

# 鱼戏稻田双丰收

“稻鱼共生系统”，顾名思义，就是把“种田”和“养鱼”结合在一起，让它们互惠互利，让人们能“坐收渔利”。这种独特的农业生产方式从诞生至今已有 1000 多年的历史，被认定为“首批全球重要农业文化遗产”，它以稻养鱼，以鱼促稻，既是中国古代农业的智慧结晶，也是今天我们对绿色生态农业的全新探索。

水稻为鱼儿提供氧气和有机物质。

鱼池的设立可是大有学问，它的长、宽、水深等数据都要经过充分论证。

鱼儿能为农田松土、除草除虫。

鱼池①

长长的稻叶为鱼虾躲避天敌提供庇护。
田间水稻害虫成了鱼儿的饵料。
鱼儿的排泄物成了农田的天然肥料。
鱼池②

# 美丽安吉：水绕新田竹绕篱

在浙江安吉县，绿水青山正融入每个安吉人的生活。农业园里，草木青青，白鹭低飞，竹海新田，绿遍山川；田野里，山谷翠绿，花朵斑斓，流水弯弯，水质清甜……一幅幅美景好似人间仙境。

## 生态空间

在安吉的山川竹海间，有一条生态红线。在这个区域面积近 500 平方千米的生态空间内，只允许开发农业和农村产业融合项目。在赋石水库等重点保护区，还装上了红外热成像仪、全景摄像机等，严禁非法捕捞、倾倒垃圾等违法违规活动。

■ 赋石水库 / 图片来源 视觉中国

## 竹子的旅程

你能想象吗？在安吉，一根竹子可以变成3000种产品。吃的有竹笋，喝的有竹饮料、竹酒，竹房屋、竹家具结实耐用，竹纤维衣被、毛巾、袜子和各色竹工艺品美观大方……各种产品一应俱全。安吉人用竹子打造出了一条高质量的产业链。

## 诗意栖居

遵循自然的生态，沿着乡村的“肌理”，大树不砍、河塘不填、道路不截弯取直……安吉人就这样依据地形建造出各具特色的、错落有致的民居。

安吉还有着远近闻名的“特色民宿”。在这里可以体验热气球、露营等各种游玩项目，冬天滑雪，夏天漂流，还可以坐上安吉田园的小火车，观赏茶园、品尝果实，在连绵的绿色间畅享诗意生活。

■ 浙江安吉 / 图片来源 图虫创意

## ◆ 超级农田里的秘密 ◆

现代农田需要现代科技，更需要现代管理，打造“3 个人种万亩地”的超级农田需要用到哪些现代科技呢？

瞧这些喷头，可以通过遥控设备控制它们喷施水肥。

气象站的建立，能帮助农户即时了解气象信息，采取应对措施。

自走式水肥一体机不仅能做到精准施肥，还能减少化肥的使用，节约成本，保护生态。

“超级农田”还配备数十台无人机、直升机等，能自动捕捉信息上传至后台服务器，这些信息经过鉴定后被反馈给农户，农户能用手机远程调度防控设备，及时预防病害。

超级农田将精品农业与现代科技充分结合，做到了“藏粮于技”，让智慧农业的概念深入人心。

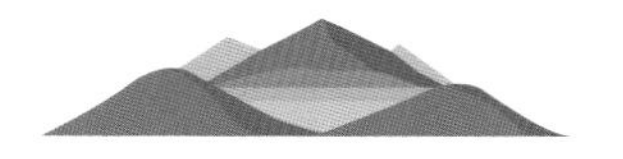

# 平湖漾清波

从古至今，湖泊一直和人们的生活关系紧密。人们修筑湖堤，利用湖泊来调蓄洪水、抗洪排涝、蓄水灌溉；开凿运河，串联湖泊，实现南北通航；将湖泊打造成“城市名片”，为城市增添别样的文化底蕴。

■ 冬季的青海湖 / 图片来源 视觉中国

# 平湖如镜

说起中国的湖，那可千言万语都说不完。无数文人墨客为它们写下了流传千古的诗句，“淡妆浓抹总相宜”的西湖，“气蒸云梦泽”的洞庭湖，“长云暗雪山”的青海湖……美湖美景美文，令人印象深刻。

湖的名字也很多：西湖、太湖、鄱阳湖，这些是湖；天池、滇池、五大连池，这些也是湖；纳木错、色林错、羊卓雍错，这些还是湖；洱海、哈素海，还有牛奶海，这些也都是湖！中国拥有大大小小的湖泊超过 24800 个，它们就像一颗颗明珠，镶嵌在中华大地上。

## 什么是“湖”？

什么是湖呢？一般来说，人们把四面都被陆地包围的水域称为湖。可能有的小读者会问，那么我在地上挖个坑，里面灌点水，那也算得上是湖吗？为解答这个问题，我们先来看看湖是怎么形成的。

湖形成的原因有很多种，有地质运动造成的湖，有火山运动形成的湖，有因为风、水和泥沙的作用形成的湖，还有冰川湖、岩溶湖和人工湖等。小读者自己在地面挖坑灌水形成的“湖”，应该能算得上是个迷你的人工湖吧！如果灌的是一定浓度的盐水，说不定还能造成一个小小的咸水湖呢！

在这个章节里，我们将遇见各种各样的湖，这些湖泊千变万化，姿态各异，它们分布在祖国辽阔的土地上，孕育着丰富多样的生态资源。

■ 鄱阳湖湿地（航拍）/ 图片来源 视觉中国

# 青海湖：大地的变动

■ 青海湖／图片来源 视觉中国

构造湖是由于地壳运动而形成的湖泊，青海湖就是构造湖。

青海湖既是中国最大的内陆湖泊，也是最大的咸水湖。经过我们的多年努力，现在，青海湖的生态环境整体持续向好，生态效益和社会效益日益显现。

# 达格图湖：风与沙的合作

在沙漠里，风会吹动沙丘，使得沙丘流动形成沙丘链，沙丘链之间就会形成盆地或洼地。这时候，如果碰上降水或是地下水补给，这些盆地和洼地就会形成风成湖。它们变幻莫测，被称为“神出鬼没的湖泊”。

■ 内蒙古阿拉善巴丹吉林沙漠“红海子”/图片来源 视觉中国

在巴丹吉林沙漠深处有一片神秘迷人的风成湖，当地人称其为“红海子”。它就是达格图湖。

# 长白山天池： 云端的火山湖

■ 吉林长白山天池／图片来源 视觉中国

你相信吗？火山喷发也会形成湖泊。长白山天池就是火山喷发后形成的火口湖。

## 千姿百态的“明珠”

靠“削、挖、推、堵”等方式，冰川能在山地环境创造出各种各样的湖，比如新疆天池。

## “湖”里乾坤

我国有 24800 多个湖泊，其中，面积在 1 平方千米以上的天然湖泊的数量超过 2600 个。

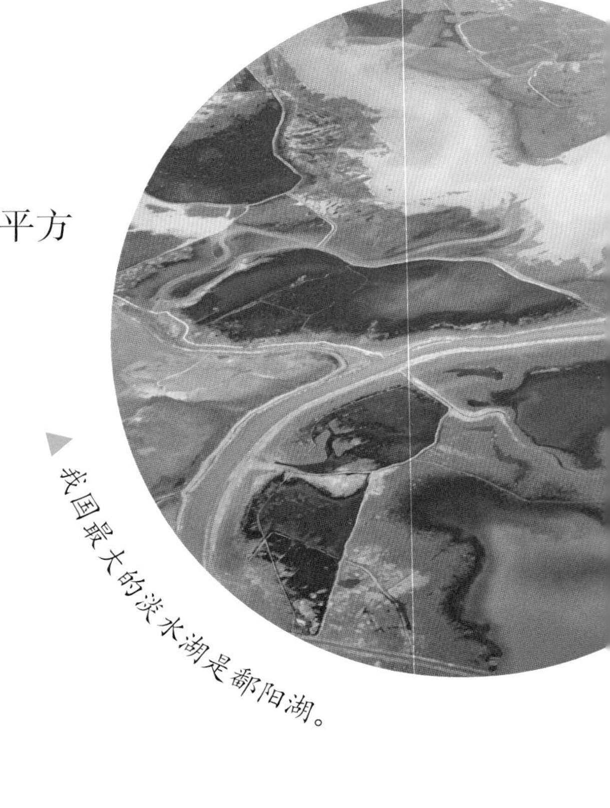

我国最大的淡水湖是鄱阳湖。

我国最大的咸水湖是青海湖。

我国形态最为狭长的湖泊是位于青藏高原的“班公错”，又称“班公湖”，藏语中“班公错”意为“长脖子天鹅”。班公湖南北方向宽度约为 15 千米，而东西长度长约 150 千米。

新藏线—班公湖—麻嘎藏布河 / 图片来源 视觉中国

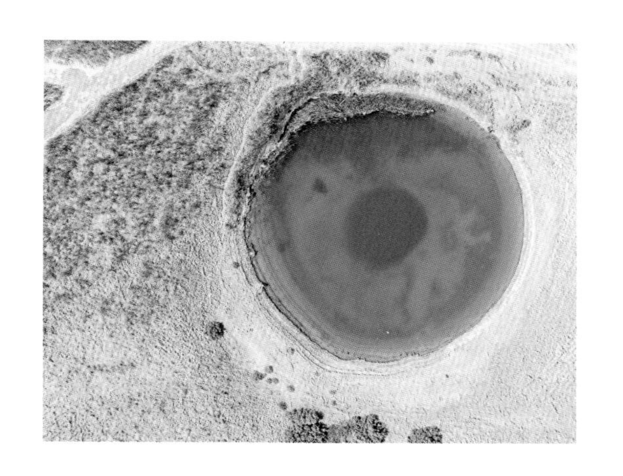

▲ 新疆吐鲁番盆地的艾丁湖，湖面海拔为 -154.31 米，是我国内陆海拔最低的地方。

▲ 位于青藏高原上的纳木错，湖面海拔约为 4718 米，是世界上海拔最高的大型湖泊。

◀ 我国最深的湖泊是长白山天池，平均深度 200 多米，最深处达 300 多米。

# 鱼鸟湖塘多自得

静谧的湖泊孕育着丰富的生命。

由于湖泊的水流动性较小，在湖泊的底部会出现大量的沉积物，尤其是淡水湖。湖泊中生长着各种各样的植物，鱼、虾、蟹和贝类在水中栖息，水鸟在这里飞来飞去，嬉戏繁衍。不仅如此，湖泊里还有大量的水生昆虫、浮游生物等，微生物资源也非常丰富。这些生物群落与大气、湖水及湖底的沉积物之间相互作用、相互依存，形成了功能协调的湖泊生态单元。

## 年年有鱼的查干湖

位于北纬 45 度的查干湖水清、山绿，在这里，鱼儿欢快地游，鸟儿自在地飞。春日水天一色，百花绽放；夏日湖面波光粼粼，荷花盛放；秋日的湿地是多彩的，芦花随风摇曳；冬日漫天飞雪，冰封大地。通过科学管理，查干湖变得越来越美丽富饶。那么，人们是怎么做的呢？

### ◇ 一江碧水洞庭湖 ◆

作为我国第二大淡水湖，洞庭湖在调蓄长江洪水、维护生态平衡、保护生物多样性方面，发挥着重要而独特的作用，被称为“长江之肾”。

## ◇“死水变活水”◆

人们把水库水引入查干湖，恢复了环湖湿地，再种上荷花和芦苇，让湿地来帮助查干湖过滤水质。查干湖和嫩江、松花江连通后，三年就可以整体置换一次河水，“死水”变成了“活水”，流水不腐，生态更美。

## ◇“小网变大网”◆

基于生态发展的理念，渔民们把细眼渔网改成宽眼大网，抓大放小，让鱼儿可以更好地生长。

水质好了，生态环境就好了，查干湖人民的生活也就越来越好。

## ◇ 神奇的洱海生态廊道 ◆

为了改善洱海的生态，人们建设了一条生态廊道——由大青树、芦苇、菖蒲组成的“雨水花园”，它像大海绵一样吸收着从村庄流来的雨水。这条生态廊道可以保护生物多样性、过滤污染物、防止水土流失，还能调控洪水。湖进人退后，洱海变得更美了。

## 太湖蓝藻变形记

太湖是我国五大淡水湖之一。“太湖美，美就美在太湖水。水上有白帆，水下有红菱，水边芦苇青，水底鱼虾肥……”然而，2007年，由于太湖湖区暴发了蓝藻危机，水样透明度一度为“零”，岸边的湖水像被刷上了一层浓浓的油漆。

太湖暴发蓝藻危机后，人们对太湖的治理、保护工作从未停歇，他们用了很多神奇的科技，让太湖免受蓝藻之害。

### 原位深井压力控藻

科研团队根据“蓝藻靠气囊大小沉浮”的原理，研发出了“深井灭藻装置”。先在湖中挖一口约70米的深井，并安装管套，利用压力将蓝藻吸入内管加压“碾碎”，再将碎藻从外管送回湖体。被压扁的碎藻失去了“浮力”，沉到湖底儿的食物。

### 藻水分离站

利用打捞平台和打捞船打捞蓝藻，再通过管道将藻浆输送至藻水分离站。

### 藻泥再利用

蓝藻经破壁、藻水分离、脱水等程序处理后，变成可再利用的藻泥和清水。处理后的水质可实现达标排放，藻泥可加工成有机肥，用于绿化施肥、土壤改良等。

# 草原翻碧浪

天苍苍，野茫茫，绿色的草原一望无际，牛羊成群，牧歌嘹亮。草原的美，苍茫瑰丽，气魄万千，引人神往。

草原是地球上分布最广的植被，被誉为“地球的皮肤”。它是大自然天然的蓄水池，在保持水土、防风固沙、保持生物多样性和维护生态平衡方面都有着不可替代的作用。

■ 呼伦贝尔莫日格勒河牧场 / 图片来源 视觉中国

# 碧草如席

中国是个草原资源丰富的国家，从西藏到青海，从新疆到甘肃，从内蒙古到东北……广袤草原连绵成片，覆盖了全国 40% 的土地面积。自古以来，草原上的人民在这里繁衍生息，形成了勇敢豪迈的游牧文明，它与农耕文明的交织融合，是中国数千年历史中非常重要的一部分。

随着科技和社会的进步与发展，草原上的人民与时俱进，用崭新的技术和科学的生态文明理念，尊重草原生态，合理利用资源，通过保护修复草原、适度放牧等方式，让草原变得更加丰茂，显现出勃勃生机。

## 草原上为什么不长树？

一棵树的长成需要充足的阳光和水分，以及适当的肥料。在很多高海拔、高纬度的地方，因为温度、降水、日照、土壤等条件有限，高大的树木很难生长起来，只有对环境条件要求不高的各种草本植物能在这里生长。因此，大部分草原都出现在高原山地地区。

■ 新疆喀拉峻大草原 / 图片来源 视觉中国

## 呼伦贝尔大草原：千里牧歌

呼伦贝尔大草原是世界四大草原之一，位于我国内蒙古自治区东北部，因呼伦湖、贝尔湖而得名。这里水资源丰富，牧草长得格外好，种类有数百种之多。

## 生态链接

### 草原上的那达慕大会

那达慕是蒙古族一年一度的盛大节日。每年的七八月，正是草原上水草丰美、牛羊肥壮的时候，蒙古族同胞会身穿盛装，聚集在一起举行那达慕大会。大会上会开展摔跤、赛马、射箭等民族传统项目。

■ 呼伦贝尔的草原风光／图片来源 视觉中国

# 巴音布鲁克草原：绿绒毯上的玉带天河

■ 新疆巴音布鲁克草原 / 图片来源 视觉中国

我国新疆维吾尔自治区的巴音布鲁克草原，是典型的禾草草甸草原，这里海拔约2500米，草原上河流蜿蜒流淌，形成了“九曲十八弯”的奇景。巴音布鲁克草原的天鹅湖，栖息着我国最大的野生天鹅种群，数千只天鹅在这里繁衍生息。

## 生态链接

### 为什么这里的牧草长得异常肥美茂盛?

天山温差变化虽然很大，但是这里地处盆地，四周都是高山，阻挡了各种暖湿气流，使得温差变化不大，气温低而稳定，适宜高寒牧草生长。牧草的生长期长，长得慢，根扎得深，所以特别肥美。

### “九曲十八弯”是如何形成的?

这里的草原地势平坦，每一个小小的阻力都可以改变河流的方向：河岸的外侧被河水冲蚀，发生坍塌；内侧因为河水流淌较为缓慢，淤泥逐渐堆积，就出现了河水外侧向远处侵蚀、内侧淤积的现象，因此，河流变得越来越弯曲。

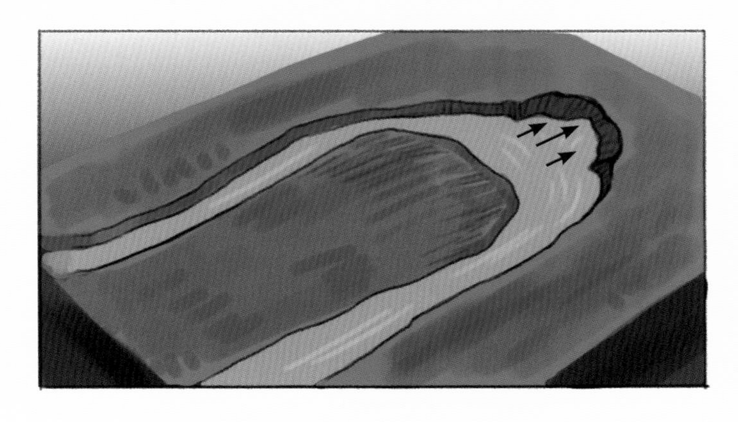

## 春到人间草木知

中国是世界上草原资源最丰富的国家之一，拥有各类天然草地，草原是国家生态安全的重要绿色屏障。

### 40.9%

我国草原总面积为392.8万平方千米，约占国土面积的40.9%。

### 7000万年以前

研究表明，中国的草原可能形成于7000万年前——那个时候，恐龙还是地球上的霸主呢！

### 4500千米

中国的草原分布面积广，从东北平原到大兴安岭，从蒙古高原到黄土高原，再到青藏高原，绵延约4500千米，南北相距31个纬度。

### 80%，30%，50%

草原是我们赖以生存的“水库”和“水塔”，是几大水系的发源地。黄河水量的80%、长江水量的30%和东北河流50%以上的水量都源自草原。

## 高寒草原

那曲高寒草原位于唐古拉山脉与念青唐古拉山脉的环抱之中，平均海拔 4200 米以上，是我国高寒草甸草原的代表。

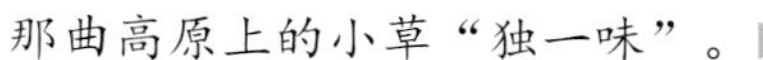

那曲高原上的小草“独一味”。▶

## 伊犁草原

伊犁草原的气候温和湿润，土地肥沃。伊犁的那拉提草原基本保持了天山的原始生态环境。

## 爬雪山，过草地

中国的草原无处不在，北方草原辽阔，在南方 14 个省（自治区、直辖市）也都有草原分布，其中要属四川省的草原占地面积最大，草原面积达 3.13 亿亩，占全省土地面积的 43%。红军长征时“爬雪山，过草地”，这里的“草地”一般指的就是位于四川的草原。

## 资源宝库

中国的草原是重要的动植物资源库，拥有饲用植物 6700 多种，还有 2000 余种野生动物在这里繁衍生息，其中包括 40 余种国家珍稀保护动物。

◀ 大鸨是典型的草原鸟类。

## 风吹草低见牛羊

草原对维持生态平衡有极其重要的作用，在固碳储碳等方面发挥着不可替代的生态功能。中国的草原不仅占地面积广，类型也很丰富，超过1万种动植物物种在草原上生活，构成了维护生物多样性的重要基因库。

草原上有各种各样的植物，这些花草的样子千差万别，但它们每天都在通过光合作用把空气和水分转换成成长需要的营养。

紫花苜蓿易于种植，产量高，被称为“牧草之王”。

羊草可以作为饲料，也是很好的水土保持植物。

沙打旺生命力顽强，是干旱地区的优质牧草品种。

冰草是一种优良牧草，马、牛、羊和骆驼都很爱吃。

植物被牲畜采食后，被消化吸收；部分则转化为动物排泄物进入草原土壤，通过“分解者”微生物的转化，可再被牧草吸收利用。

## 认识家畜

马在草原传统文化中占有重要地位，它让牧民能够走得更远，选择更好的牧场。

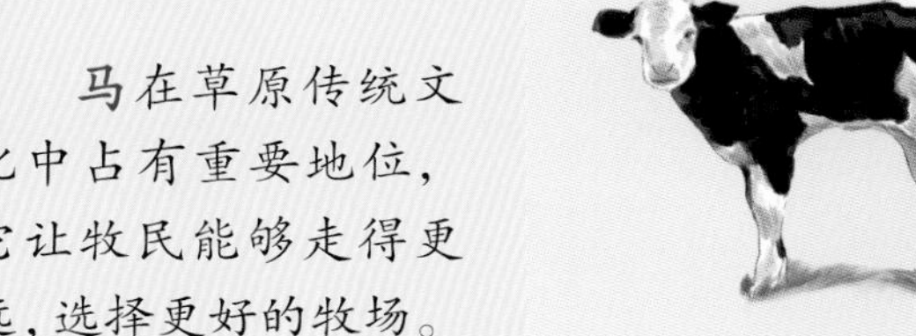

牛可以产奶，牛肉也可以吃。牛粪是牧民做饭、取暖的最好燃料。

绵羊出产羊肉、羊毛和羊绒，这种性情温柔的小家伙对于外界的刺激反应较为迟钝。

绵羊群中需要一定数量的**山羊**，山羊能及时反应天敌及外界刺激。当然山羊也能提供肉和羊绒。

## 一草一木也是“金山银山”

锡林郭勒草原位于我国内蒙古自治区的中部，是华北地区重要的生态屏障。锡林郭勒人曾因为浑善达克沙地的漫天浮尘而苦恼，但 20 多年来，他们坚持“生态优先，绿色发展”的理念，通过努力，让沙海变绿洲，让草原生态得到修复。在如今的锡林郭勒草原上，人人都是生态保护者，共享“生态红利”，在草原儿女心里，草原上的一草一木就是他们的“金山银山”。

■ 内蒙古锡林郭勒草原 / 图片来源 视觉中国

## 植树造林

经过几十年的植树造林工程，今天的锡林郭勒创造了“六个100万亩”——100万亩樟子松造林、100万亩沙地榆、100万亩人工灌木柳、100万亩水源涵养林、100万亩低质低效林改造、100万亩重度沙化区综合治理。森林覆盖率大大提高，沙丘面积显著减少。

## 绿色矿山

锡林郭勒草原是我国最具代表性和典型性的温带草原。这里矿产资源丰富，但是为了保护草原，这里禁止开新矿，也停止了在草原核心区规划新的风电和光电项目，这些办法让矿山变“绿”，也让草原更美。

## 牧场管理

为了维护牧场的生态平衡，国家通过实施草原生态保护奖励、退牧还草等政策，让草原休养生息，不会被过度开采。

## 生态旅游

骏马飞驰，奶茶喷香，热情好客的锡林郭勒人将草原生态风光与民俗文化结合起来，大力发展畜牧业和旅游业，牧民们都过上了红红火火的好日子。

■ 内蒙古锡林郭勒的勒勒车度假村 / 图片来源 视觉中国

## 让科技拥抱碧草蓝天

怎样用现代化的手段精准修复、保护草原，找到一条符合自然规律、符合国情地情的绿化之路呢？看看草原上的人们是怎么做的吧！

1 建立种子资源库，研究植物特性。

2 建设数据平台，因地制宜地使用数字技术，推进数字化指导服务。

3 对草原的即时性变化进行动态跟踪监测，及时了解植被生长、产草量、自然生物灾害等信息，并做出有效应对。

4 进行太空育种实验，让种子飞向宇宙，进行航天诱变，为新品种选育奠定基础。

# 沙漠换新装

和高山大河比起来，沙漠似乎带了一点神秘感。其实，我们中国人和沙漠已经打了很久的交道：“大漠孤烟直，长河落日圆”，诗人王维笔下的沙漠画卷苍茫雄浑；另一位唐朝诗人岑参形容沙漠是“平沙莽莽黄入天”，非常传神。如今，我们在茫茫沙漠里建起了铁路，让荒芜沙地恢复绿色。“沙”之所及，不再渺无生机，沙漠铁路通向充满机遇的未来，荒漠变绿地的奇迹更是向世界展现了中国人民的智慧和创造力。

■ 内蒙古巴丹吉林沙漠 / 图片来源 视觉中国

# 沙漠新绿

我国是世界上受荒漠化危害较严重的国家，人们想了很多办法来阻止荒漠化。渐渐地，荒漠披上了绿装，用卫星来观察，会发现一片片绿色在荒漠上“长大”。荒漠成了绿洲，原先不得不背井离乡的人们又回到这里安居乐业。

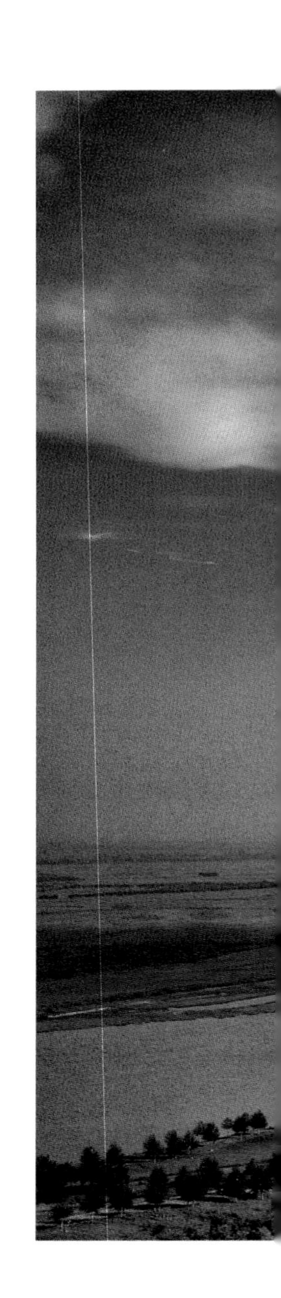

## 沙漠和荒漠

沙漠是地面被沙覆盖的地貌，它的存在本身就是大陆的一部分，比如我国最大的沙漠塔克拉玛干，它的形成有地理、气候等多种因素。如果塔克拉玛干沙漠消失了，会对地区的生态平衡造成影响。

荒漠和沙漠不一样，荒漠指的是表面缺乏植被的荒芜地貌，它的形成则有很多原因，其中有一些是人为因素，因此对荒漠的治理就非常重要，比如我国的库布其沙漠、毛乌素沙地，都在这方面做出了优秀的示范。

中国有八大沙漠、四大沙地。天然的沙漠和海洋、河流、森林一样，都是大自然的一种生态系统，而且蕴藏着丰富的石油和矿产资源，还有太阳能和风能。所以，防沙治沙，不是为了消灭地球上所有的沙漠，而是指把原本不该是荒漠的地方恢复原貌，让人类和地球和谐共生。

■ 往日的毛乌素沙地如今变绿洲 / 图片来源 图虫创意

# 塔克拉玛干：沙漠里的绿飘带

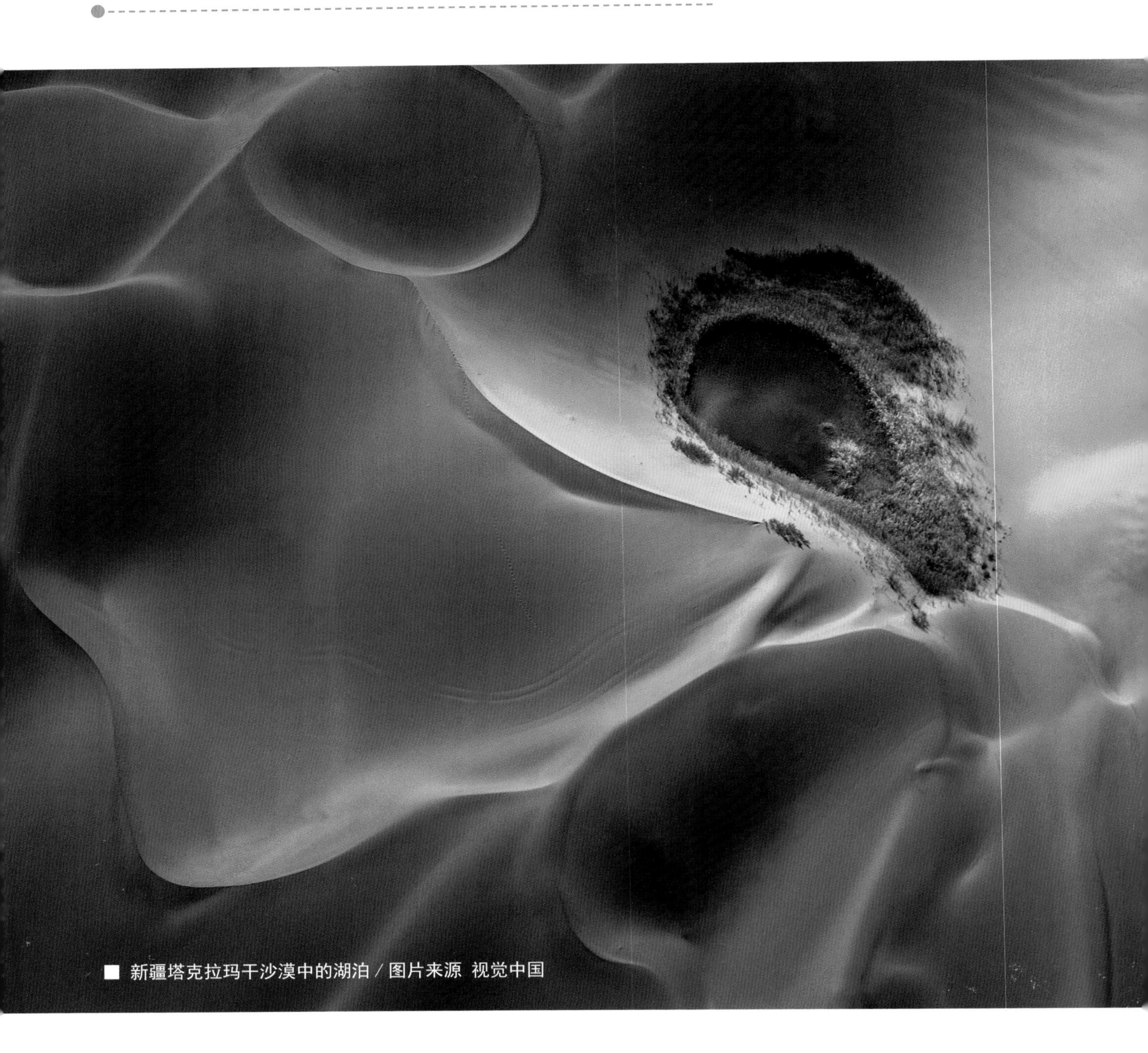

■ 新疆塔克拉玛干沙漠中的湖泊 / 图片来源 视觉中国

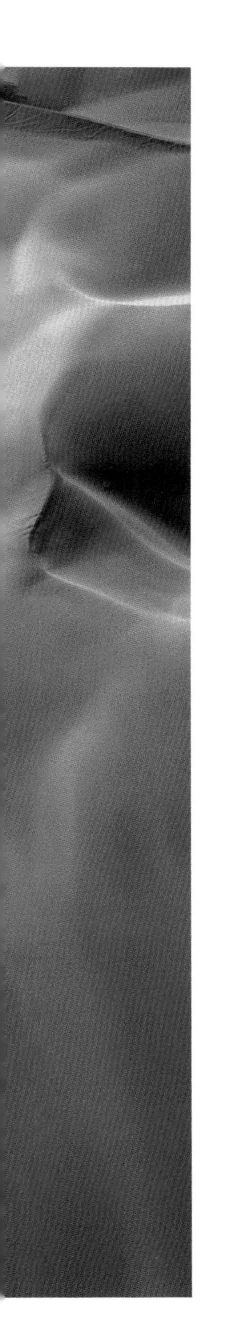

中国最大的沙漠塔克拉玛干沙漠，面积为 33 万平方千米，这是什么概念呢？这比整个江浙沪的面积还要大。

想象一下，在这样广阔的世界里，到处都是浩瀚沙海，渺无人烟，我们能看见的，除了沙子，还是沙子。

然而，就在这样的沙漠里，中国建起了公路。这条塔克拉玛干沙漠公路，直通南北，纵贯沙漠腹地，将乌鲁木齐至和田的距离缩短了约 500 千米。公路两端，2000 多万株植物构建起防护林带，组成了世界上穿越流动沙漠最长的公路防护林带。

穿越沙漠的绿色公路，这是怎样的奇迹！

■ 新疆塔克拉玛干沙漠塔中油田夕阳下的沙漠公路岔道 / 图片来源 视觉中国

# 腾格里沙漠：漫卷金沙落玉珠

在中国第四大沙漠腾格里沙漠里，有漫无边际的沙丘，治愈心灵的绿洲，还有沙漠独有的鸟类和植物。数以百计的沙漠湖泊分布在这里，为黄沙漫漫的世界带来一丝丝亮色。

■ 腾格里沙漠 / 图片来源 图虫创意

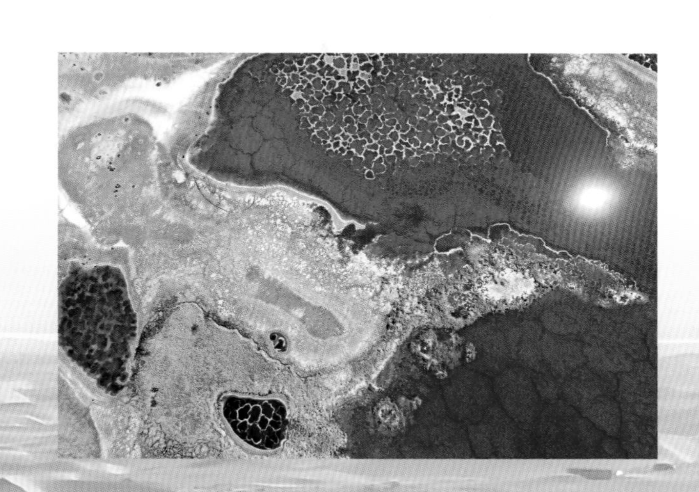

腾格里沙漠的乌兰湖因为微生物的作用呈现出鲜艳的红色，成就了独特的沙漠美景，被誉为“地球之心”。

我国第一条横穿沙漠的铁路就在腾格里沙漠，它行驶在包头和兰州之间，被誉为“奇迹之路”。

# 广漠杳杳风景异

广义的沙漠包括沙漠、戈壁和风蚀地，一起来了解一些关于中国沙漠的小知识吧！

## 流动的沙

流动沙漠指那些会跟随风的方向不断移动的沙漠。塔克拉玛干沙漠就是大部分为流动沙丘所覆盖的沙漠，它是世界上第二大流动性沙漠。塔克拉玛干沙漠的沙丘相对高度在 100 ～ 150 米之间，有的甚至高达 300 米。

## 沙漠里的最高峰

巴丹吉林沙漠里有 100 多个湖泊，还有海拔 1611 米的必鲁图峰，这是世界最高的沙峰。

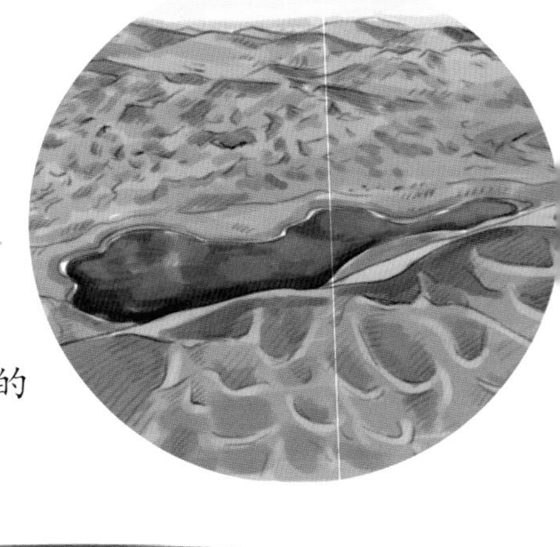

## 不动如“沙”

有流动的沙，自然也有不流动的沙。面积约 4.88 万平方千米的古尔班通古特沙漠，就是我们中国面积最大的固定、半固定沙漠。

## 能源宝藏

塔里木盆地的沙漠之中，蕴藏着丰富的石油和天然气资源，分别约占我国油、气资源蕴藏量的1/6和1/4。

## 多样的沙丘

在我国西部的库木塔格沙漠里，有着奇幻多姿的沙丘类型，有格状沙丘、新月形沙丘、金字塔形沙丘和线状沙丘等，甚至还有一片独一无二的羽毛状沙丘。

## 沙漠岩画

腾格里沙漠里有一个沙坡头国家自然保护区，在这里发现了距今约1万年前的大麦地岩画，它们不仅展现了远古时代的生活画面，岩画中还出现了象形文字，被认为是中国最古老的图画文字。

## 沙子会唱歌

“沙子唱歌”是一种奇特的自然现象。当以石英为主的细沙粒被风吹而发生震动时，沙子滑落或相互运动，众多沙粒在气流中旋转，便发出“嗡嗡”的响声。在甘肃敦煌的鸣沙山，就能听到沙子的“歌声”。

# 沙漠生物妙招多

想要在沙漠里生存可不容易！沙漠里有我们熟悉的骆驼、骆驼刺等，有各种神奇的动物和植物，这些顽强又聪敏的小家伙，在沙漠里有自己独特的生存本领！

## 植物本领大，根系很发达

沙漠中的植物都会把根扎得特别深，把根须伸得特别长，这样才能汲取到地下深处的水分，同时也牢牢“固定”住了沙丘，是治沙的好帮手。

### 红柳

红柳是戈壁上最常见的植物，沙丘下的红柳根系最深、最长可达30多米。

### 骆驼刺

骆驼刺的叶子是细刺形状的，能减少水分蒸腾。它的根系也很发达，能从很深很广的地下吸取水分。

### 柠条

为了能够扎根沙漠，柠条的根进化出了根瘤这种特殊的构造，可以固氮和肥土。

### 梭梭

梭梭有“沙漠卫士”的美誉，它生命力顽强，抗旱、耐寒还抗盐。

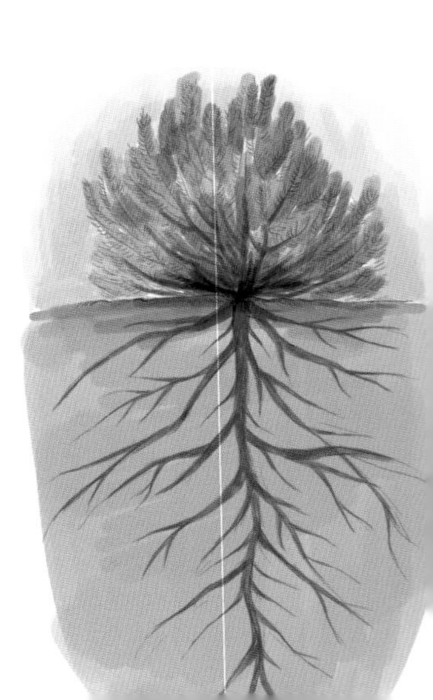

## 各显神通的动物们

### 沙蜥

这个小家伙跑起来飞快，它住在洞穴里，以昆虫及其幼虫为食。厉害的是，它不需要喝水，可以直接从作为食物的虫子身上获得所需的水分。

### 沙漠狐

沙漠狐长着一对“招风耳”，它体长 50 厘米，耳朵长度却达到 15 厘米。这对长耳朵可以帮助它散热。

### 荒漠猫

荒漠猫是我国独有的野生猫科动物，它们的耳朵尖尖上有长约 20 毫米的短簇毛。

### 三趾跳鼠

这个萌萌的小家伙最高能跳到 3 米呢！它跳跃时只用后脚着地，同时尾巴高高竖起敲打地面，好增加弹跳力，避免身体碰到灼热的沙地。

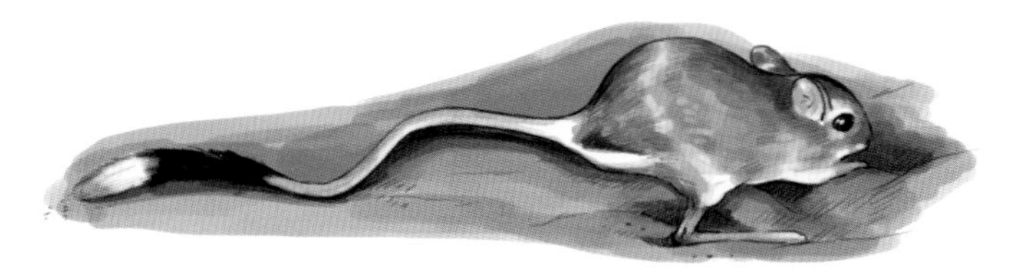

### 虎鼬

遇到敌人时，虎鼬会高高地抬起背，竖起周身的毛发，看起来就像整个身体瞬间变大了！

# 希望之地——库布其

■ 库布其七星湖沙漠景区 / 图片来源 视觉中国

库布其沙漠是传说中的“死亡之海”。这里曾经黄沙漫漫，人迹罕至。

然而，现在的库布其，绿色怡人，沙柳、柠条、羊柴这些适宜在干旱地区生长的植物，像一张张绿网一样覆盖在这片土地上。从飞沙漫天到现在的森林覆盖率和植被覆盖率分别达到15.7%和53%，人们花了30多年的时间。库布其终于从沙海变成了绿洲。

作为世界上迄今唯一被整体治理的沙漠，库布其治沙模式被联合国环境规划署誉为“全球治沙样本”。

今天的库布其已经成为新能源经济、碳中和的典型案例。目前，内蒙古蒙西基地库布其200万千瓦光伏治沙项目正有序推进，未来可每年向外输送绿电，助力实现“双碳”目标。

## 科学种植出奇招

治沙的过程，是智慧与经验汇集的过程，尤其是想要在沙地上种树种草，其中的小窍门、巧办法可不少。

### 微创种植法

先用水在地面冲出小孔，接着把树苗插入孔里，使树苗和沙土层紧密结合，种树浇水一气呵成。使用这种种植法，只需要10秒钟就可以种下一棵树，树苗成活率也大大提高。

### 风向数据法

对沙漠风向进行大数据分析后，在流动沙丘迎风坡的3/4处以下植树造林，利用沙丘的下部来挡风，同时让风把沙丘上部的沙吹到下部，这样就可以使得沙丘的高度慢慢变低，把低洼处慢慢抬高，借助自然之力，十分巧妙。

### 甘草治沙法

想治沙，光种树是不够的，还可以在平缓的地方种植甘草。甘草很适合在沙漠里生长，横着种甘草，让它们“躺下来”，就可以大大增加每棵甘草的治沙面积。

### 风沙固定法

为了防止沙丘移动，人们用植物的茎秆编制成一个个方格，将沙子固定在方格中，不让沙子随便地跑来跑去。这样做还可以避免雨水的流失和蒸发，为植物的生长提供充足的水分。

# 共建人与自然和谐共生的美好家园

人类是命运共同体，保护生态环境是全球面临的共同挑战和共同责任。

党的十八大以来，党中央高瞻远瞩，提出一系列新理念、新思想、新战略、新要求，指导推动我国生态文明建设。“我们追求人与自然的和谐，经济与社会的和谐，通俗地讲，就是既要绿水青山，又要金山银山。”[1]绿水青山，既是大自然给我们的馈赠，是自然财富，也是社会财富、经济财富，是我们人类永续发展的基础。我们要“像保护眼睛一样保护生态环境，像对待生命一样对待生态环境，多谋打基础、利长远的善事，多干保护自然、修复生态的实事，多做治山理水、显山露水的好事”。[2]

[1] 习近平：《之江新语》，浙江人民出版社 2007 年版，第 153 页。
[2] 习近平：《习近平谈治国理政》第三卷，外文出版社 2020 年版，第 361 页。

■ 牛奶湖 / 图片来源 视觉中国

江山如画，画中有“山水林田湖草沙”。从喜马拉雅的雪山之巅到巍巍秦岭，从磅礴澎湃的长江黄河到静静流淌的山涧溪流，从“一棵树到一片‘海’”的塞罕坝到多彩缤纷的西双版纳，从美不胜收的贵州梯田到浙江安吉的魅力乡村，从清冽的青海湖到清秀的杭州西湖，从万马奔腾的锡林郭勒到高原之上的巴音布鲁克，从世界奇迹库布其沙漠到人定胜天的毛乌素沙地……祖国的富丽山河让人为之惊叹！

必须强调的是，“山水林田湖草沙”是一个生命共同体，从来不是单一的：巍峨群山之间，有溪流潺潺，有古木参天，有平湖如镜；长河滔滔，流过崇山峻岭，流过稻田绿地，流过碧草蓝天；碧蓝的湖泊，静卧在山坳里、草原上、沙漠里……它们相互联系、相互影响、相互依存，形成合力，发挥着不可替代的作用。

在中国共产党的领导下，全国各族人民在建设人与自然和谐共生的美丽中国的道路上开拓创新，生产发展、生活富裕、生态良好的文明发展之路越走越宽。



■ 草原上的黄河／图片来源 视觉中国